Eine Arbeitsgemeinschaft der Verlage

Böhlau Verlag · Wien · Köln · Weimar
Verlag Barbara Budrich · Opladen · Toronto
facultas.wuv · Wien
Wilhelm Fink · München
A. Francke Verlag · Tübingen und Basel
Haupt Verlag · Bern · Stuttgart · Wien
Julius Klinkhardt Verlagsbuchhandlung · Bad Heilbrunn
Mohr Siebeck · Tübingen
Nomos Verlagsgesellschaft · Baden-Baden
Ernst Reinhardt Verlag · München · Basel
Ferdinand Schöningh · Paderborn · München · Wien · Zürich
Eugen Ulmer Verlag · Stuttgart
UVK Verlagsgesellschaft · Konstanz, mit UVK / Lucius · München
Vandenhoeck & Ruprecht · Göttingen · Bristol
vdf Hochschulverlag AG an der ETH Zürich

Thomas P. Wihler

Mathematik für Naturwissenschaften
Einführung in die Analysis

Haupt Verlag
Bern · Stuttgart · Wien

Thomas P. Wihler ist außerordentlicher Professor für Mathematik am mathematischen Institut der Universität Bern. Er schloss 1999 mit dem Diplom und 2003 mit dem Doktorat in Mathematik an der ETH Zürich ab. Nach Lehr- und Forschungsaufenthalten an der University of Minnesota (Minneapolis, USA) und an der McGill University (Montreal, Kanada), ist er seit 2008 an der Universität Bern als Leiter der Arbeitsgruppe "Angewandte und Numerische Mathematik" tätig.

Die Deutsche Bibliothek – CIP-Einheitsaufnahme
Die Deutsche Nationalbibliothek verzeichnet diese Publikation in der Deutschen Nationalbibliografie; detaillierte bibliografische Daten sind im Internet über http://dnb.d-nb.de abrufbar.

2012 © by Haupt Verlag

Satz: Thomas P. Wihler
Einbandgestaltung: Atelier Reichert, Stuttgart
Printed in Germany

UTB-Band-Nr.: 3635
ISBN 978-3-8252-3635-9

Inhaltsverzeichnis

Vorwort

Bei der Behandlung von Anwendungen in den Naturwissenschaften, im Ingenieurwesen oder auch in der Wirtschaft kann Mathematik als bedeutendes Werkzeug zur Verfügung stehen. So kann sie beispielsweise dazu dienen, Vorgänge aus den entsprechenden Disziplinen in Form von geeigneten Modellen zu beschreiben oder dieselben fundiert zu untersuchen. Dabei erlauben mathematische Mittel nicht nur die quantitative Auswertung einer Problemstellung, sondern auch die Untersuchung von rein qualitativen Fragen. Hier können tiefgründige mathematische Aussagen Resultate zutage bringen, die sich im Labor nur schwer oder gar nicht entdecken lassen.

Selbstverständlich sind dem mathematischen Modellierungsprozess Grenzen gesetzt. Oftmals weisen gegebene Probleme eine zu hohe Komplexität auf, um im Rahmen eines mathematischen Modells vollständig realisierbar zu sein. Ebenso kann es ein äusserst schwieriges Unterfangen sein, Daten in befriedigendem Umfang oder in genügender Genauigkeit zu beschaffen. Letztlich fehlt bei vielen Fragestellungen auch ein verständliches Prinzip von Ursache und Wirkung. Als Beispiele können klima- und wetterbezogene Prozesse, die Entwicklung einer Bevölkerung oder, wesentlich bescheidener, die Steuerung von Ampeln an einer Kreuzung genannt werden.

Das vorliegende Buch erhebt nicht den Anspruch, an die Grenzen des mathematisch Umsetzbaren zu gehen. Im Gegenteil: Es soll, zusammen mit dem Band "Mathematik für Naturwissenschaften: Einführung in die Lineare Algebra", einen kleinen Einblick gewähren, wie Mathematik als Werkzeug in den Naturwissenschaften bedeutend zum Einsatz kommen kann. Der Inhalt und die Übungsaufgaben sind so konzipiert, dass die praktische Nützlichkeit der Mathematik im Vordergrund steht. Dabei wird insbesondere auf die Einbindung geeigneter Anwendungen aus verschiedenen naturwissenschaftlichen Disziplinen Wert gelegt. Auf abstrakte Herleitungen und Beweise sowie auf "Drillübungen" verzichten wir bewusst. Im Vordergrund stehen die semantischen Aspekte der mathematischen Techniken und Begriffe. Aussagen und Formeln werden zumeist anhand von Beispielen intuitiv hergeleitet und erklärt.

Der Text ist im Rahmen einer einsemestrigen Mathematikvorlesung für Studierende der Naturwissenschaften (Chemie, Biochemie, Pharmazie, Geografie und Geologie) an der Universität Bern entstanden. Er bietet eine *Einführung in die Analysis* für Anwender der Mathematik und beinhaltet als Schwerpunkte die Differential- und Integralrechnung (in einer Variablen), sowie den Umgang mit Differentialgleichungen. Dabei kommen auch einfache Modellierungstechniken zum Tragen. Neben den analytischen Ausführungen wird an verschiedenen Stellen auf die numerische Behandlung von mathematischen Problemen und die Einbindung von Rechnerprogrammen (am Beispiel des Softwarepakets OCTAVE) hingewiesen. Eine erfolgreiche Bearbeitung des Stoffs setzt solides gymnasiales Grundwissen in Mathematik voraus. Insbesondere sind ein sicherer Umgang mit Funktionen in einer Variablen und eine gute Fertigkeit beim algebraischen Umformen von mathematischen Termen unbedingt erforderlich.

Ich bedanke mich bei allen Kollegen und Kolleginnen sowie allen Assistierenden, welche mit ihren Kommentaren zur Verbesserung des vorliegenden Manuskripts beigetragen haben. Speziell erwähne ich Herrn Dr. H. R. Schneebeli, dem der Text einige wichtige konzeptionelle Ideen und eine Vielzahl von interessanten Übungsaufgaben verdankt.

Bern, 2012 Thomas P. Wihler

Kapitel 1

Folgen und Reihen

1.1 Zeitmodelle – diskret oder kontinuierlich

Viele Prozesse in den Naturwissenschaften, im Ingenieurwesen oder auch in der Wirtschaft entwickeln sich, ausgehend von einer Anfangskonfiguration, in der Zeit. Zwei Beispiele sollen dies verdeutlichen.

Beispiel 1.1

(a) Eine bestimmte Bakterienkultur verdoppelt sich durch Zellteilung jede Stunde. Ausgehend von einem anfänglich einzigen Bakterium entstehen im Laufe der Stunden also 2, 4, 8, 16, ... Bakterien.

(b) Ein Gegenstand wird anfänglich auf eine gewisse Höhe gehoben. Er wird fallen gelassen und erfährt durch die Erdanziehung eine Beschleunigung. Seine Geschwindigkeit nimmt also mit der Zeit zu (bis er den Boden erreicht hat).

$\square$

Um *zeitabhängige* Prozesse mathematisch zu beschreiben, kennen wir in der Mathematik ein wichtiges Werkzeug: *Funktionen*. Im gegebenen Zusammenhang ist eine Funktion eine Rechenvorschrift, welche jedem Zeitpunkt t einen gewissen Wert zuweist. Wir erklären dies anhand der obigen Beispiele.

(a) Wir bezeichnen mit $B(t)$ die Anzahl Bakterien, welche die Bakterienkultur nach t Stunden hat. Die stündlichen Werte der Kultur können wir darstellen in Form einer Wertetabelle:

Stunden t	Anzahl Bakterien $B(t)$
$t = 0$	$B(0) = 1$
$t = 1$	$B(1) = 2$
$t = 2$	$B(2) = 4$
$t = 3$	$B(3) = 8$
$t = 4$	$B(4) = 16$
$t = 5$	$B(5) = 32$
$\vdots$	$\vdots$

Alternativ verwenden wir die *Funktionsvorschrift*

$$B(t) = 2^t, \qquad t = 0, 1, 2, 3, 4, 5, \ldots,$$

um diesen biologischen Prozess quantitativ zu beschreiben.

(b) Ein Gegenstand, der aus der Ruhe mit Erdbeschleunigung g beschleunigt wird (ohne Luftwiderstand), hat nach einer Zeit t die Geschwindigkeit

$$v(t) = g\,t, \qquad t \geq 0. \tag{1.2}$$

Hier ist die Geschwindigkeit v eine Funktion der Zeit t.

Die beiden hier besprochenen Modelle unterscheiden sich durch ein wesentliches Merkmal. Während bei Beispiel (a) die betrachteten Zeitpunkte $t = 0, 1, 2, 3, \ldots$ zeitlich *getrennt* sind (die Anzahl Bakterien wird nur zu jeder vollen Stunde, nach *Abschluss* der Zellteilung, gezählt), wird die Geschwindigkeit in Beispiel (b) zu *jedem* Zeitpunkt gemessen.

> Zeitabhängige Modelle oder Funktionen, welche auf voneinander *getrennten* Zeitpunkten basieren, heissen **diskret**. Im Gegensatz dazu nennen wir Modelle oder Funktionen, die auf einer *ununterbrochenen* Zeitskala begründet sind, also auch eine Auswertung zwischen zwei verschiedenen Zeitpunkten zulassen, **kontinuierlich**.

Modelle stehen nicht immer im Zusammenhang mit *zeitlichen* Abläufen. Etwas abstrakter können wir deshalb ein diskretes Modell als mathematische Beschreibung eines Prozesses verstehen, der auf getrennten Werten $x_1, x_2, x_3, \ldots$ aufbaut. Ein typisches Beispiel sind die *natürlichen Zahlen* (mit oder ohne Null)

$$\mathbb{N} = \{1, 2, 3, 4, \ldots\}, \qquad \mathbb{N}_0 = \{0, 1, 2, 3, 4, \ldots\}.$$

Wenn beispielsweise ein Apfel 0.50 Geldeinheiten kostet, so kosten $0, 1, 2, 3, \ldots n$ Äpfel $P(0) = 0, P(1) = 0.50, P(2) = 1.00, P(3) = 1.50, \ldots, P(n) = 0.50 \cdot n$ Geldeinheiten.

Kontinuierliche Modelle sind oftmals auf der Menge $\mathbb{R}$ aller *reellen Zahlen* definiert. In der Praxis können dies auch geeignete Teilmengen von $\mathbb{R}$ sein, wie das obige Beispiel der Geschwindigkeit zeigt. Hier ist der Bereich $0 \leq t \leq T$ ein sinnvolles "Zeitintervall" für das physikalische Modell, wobei $T > 0$ den Zeitpunkt bezeichnet, bei welchem der Gegenstand den Boden erreicht und (1.2) nicht mehr gilt. Aus *praktischer Sicht* macht es somit wenig Sinn, die Funktion v aus (1.2) für alle Zeiten zu betrachten, auch wenn sie *theoretisch* für alle t in $\mathbb{R}$ berechenbar wäre.

Die Werte, für welche eine Funktion ausgewertet wird, nennen wir **Definitionsbereich**. Der Definitionsbereich einer Funktion kann entweder die Menge aller Zahlen sein, für welche diese Funktion berechenbar ist, oder auch eine sinnvolle Teilmenge, welche sich beispielsweise aus einer praktischen Anwendung ergibt.

Beispiel 1.3

(a) Die obige Preisfunktion $P(n) = 0.5n$ lässt sich theoretisch für jede reelle Zahl auswerten. Da aber weder eine negative noch eine bruchzahlige Anzahl Äpfel verkauft werden können, ist die Menge $\mathbb{N}_0$ in diesem Beispiel ein *sinnvoller* Definitionsbereich.

(b) Die Funktion

$$f(x) = \frac{1}{x}$$

sei ohne Bezug zu einer Anwendung gegeben. Offensichtlich lässt sie sich berechnen für alle $x \neq 0$ (keine Division durch null). Der Definitionsbereich von f ist daher die Menge $\mathbb{R}$ ohne 0.

□

1.2   Folgen

Die Funktion B aus Beispiel 1.1 (a) lässt sich bei den zeitlichen Werten $t = 0, 1, 2, 3, 4, 5, \ldots$ auswerten. Dies entspricht den Funktionswerten

$$B(0), \quad B(1), \quad B(2), \quad B(3), \quad B(4), \quad B(5), \quad \ldots$$

Wir verwenden dafür die Kurznotation

$$B_0, \quad B_1, \quad B_2, \quad B_3, \quad B_4, \quad B_5, \quad \ldots$$

Eine Zahlenfolge, welche sich als Funktionswerte einer diskreten, auf dem Definitionsbereich $\mathbb{N}$ (oder $\mathbb{N}_0$) basierenden Funktion ergibt, heisst *Folge*. Allgemein definieren wir:

Für eine Funktion f, die auf den natürlichen Zahlen definiert ist, nennen wir die entsprechenden Funktionswerte

$$f(0), f(1), f(2), f(3), \ldots,$$

auch geschrieben als

$$f_0, f_1, f_2, f_3, \ldots,$$

eine **Folge**. Die einzelnen Zahlen der Folge heissen **Glieder** der Folge.

Beispiel 1.4 Es soll eine (unendlich lange) Nachricht, bestehend aus einer 0-1-Zeichenkette, elektronisch übermittelt werden. Diese könnte beispielsweise wie folgt aussehen:

$$00110111000111010111\,0111\ldots$$

Die Wahrscheinlichkeit p, dass ein einzelnes Zeichen richtig übermittelt wird, beträgt im gegebenen Netzwerk 90%. Das erste Zeichen wird also mit Wahrscheinlichkeit

$$p(1) = p_1 = 90\% = \frac{9}{10} = 0.9$$

korrekt übertragen. Die Wahrscheinlichkeit, dass sowohl das erste als auch das zweite Zeichen richtig versandt werden, beträgt (Produktregel für Wahrscheinlichkeiten):

$$p(2) = p_2 = \frac{9}{10} \cdot \frac{9}{10} = \left(\frac{9}{10}\right)^2 = 0.81.$$

Analog werden die ersten drei Zeichen richtig verschickt mit Wahrscheinlichkeit

$$p(3) = p_3 = \left(\frac{9}{10}\right)^3 = 0.729.$$

Ganz allgemein beträgt die Wahrscheinlichkeit, dass die ersten n Zeichen richtig übermittelt werden

$$p(n) = p_n = \left(\frac{9}{10}\right)^n.$$

Die Wahrscheinlichkeit p ist also eine Funktion, welche auf den natürlichen Zahlen $\mathbb{N}$ definiert ist. Bei $n = 37$ Zeichen erhalten wir beispielsweise:

$$p_{37} = p(37) = \left(\frac{9}{10}\right)^{37} \approx 0.020276;$$

also liegt die Wahrscheinlichkeit für die korrekte Übertragung aller 37 Zeichen nur gerade bei etwa 2%. □

Beispiel 1.5 Folgen können auch *rekursiv* definiert sein. Dies bedeutet, dass jedes Folgeglied durch eines oder mehrere vorherige Folgeglieder definiert wird. Als Beispiel betrachten wir das folgende Modell für die Anzahl Ringe eines Baumstamms: Es bezeichne r_n die Anzahl Ringe nach n Jahren. Jedes Jahr kommt ein neuer Ring dazu. Folglich gilt:

$$r_n = r_{n-1} + 1,$$

für alle natürlichen Zahlen $n \geq 1$. Die Folge wird gestartet mit dem Wert $r_0 = 0$ für $n = 0$. Es ist in diesem Beispiel einfach möglich, eine explizite Darstellungsformel herzuleiten. Es gilt:

$$r_n = \underbrace{r_{n-1}}_{=r_{n-2}+1} + 1 = \underbrace{r_{n-2}}_{=r_{n-3}+1} + 2 = \underbrace{r_{n-3}}_{=r_{n-4}+1} + 3 = r_{n-4} + 4.$$

Setzen wir diesen Prozess fort, so erhalten wir

$$r_n = r_0 + n = n.$$

Nach n Jahren hat der Baumstamm also, wie erwartet, $r_n = n$ Ringe.

Der *Vermehrungsfaktor* in jedem Jahr ist definiert durch

$$d_n = \frac{r_{n+1}}{r_n} = \frac{n+1}{n}, \qquad n \geq 1.$$

Auch hier entsteht eine Folge:

$$d_1 = 2, \quad d_2 = {}^3/_2, \quad d_3 = {}^4/_3, \quad \ldots, \quad d_{1000} = {}^{1001}/_{1000}, \quad \ldots.$$

□

1.3   Konvergenz und Grenzwerte von Folgen

Die im Titel dieses Abschnitts genannten Begriffe "Konvergenz" und "Grenzwerte" gehören zur Grundlage der Analysis. Sie beinhalten – grob gesagt – die Möglichkeit, einer Grenzsituation beliebig nahe zu kommen und den entsprechenden Vorgang mathematisch zu beschreiben. Tatsächlich werden wir in den folgenden Kapiteln sehen, dass viele Konstruktionen und Modellierungsprozesse in der Analysis auf Grenzübergängen beruhen.

Betrachten wir die Folge aus Beispiel 1.4, so stellen wir fest, dass ihre Glieder p_n mit zunehmendem Wert von n immer kleiner werden. Diese Beobachtung wollen wir mathematisch formulieren.

Um zu beschreiben, dass n immer grösser wird, verwenden wir die Notation

$$n \to \infty$$

und sagen: "n *strebt* gegen unendlich". Hier verwenden wir das Zeichen "∞", um auszudrücken, dass n *beliebig* (d. h. "unendlich") gross wird. Nun wollen wir noch notieren, dass p_n mit $n \to \infty$ beliebig klein wird, d. h. beliebig nahe an 0 herankommt. Dazu schreiben wir

$$p_n \to 0, \qquad \text{für } n \to \infty. \tag{1.6}$$

In Worten: "Die Werte der Folge p_n streben gegen 0, wenn n (beliebig) gross wird", oder auch "die Folge p_n geht gegen 0, wenn n gegen unendlich strebt".

Der Wert 0 heisst in diesem Zusammenhang **Grenzwert** der Folge (lat.: *limes*), und wir können die folgende Notation verwenden, um dasselbe wie in (1.6) auszudrücken:

$$\lim_{n \to \infty} p_n = 0.$$

In Worten sagen wir: "Der Grenzwert von p_n für n gegen unendlich ist gleich null."

Auch die Folge der Vermehrungsfaktoren aus Beispiel 1.5 hat einen Grenzwert für $n \to \infty$. In der Tat stellen wir fest:

$$d_n = \frac{n+1}{n} = 1 + \frac{1}{n}.$$

Hier wird der Term $1/n$ für wachsendes n immer kleiner, d. h.

$$\lim_{n \to \infty} 1/n = 0,$$

und somit folgt, dass die Folge d_n für grosse n immer mehr gegen 1 strebt. Also können wir sagen:

$$\lim_{n \to \infty} d_n = 1.$$

Der Grenzwert der Folge d_n ist somit 1.

Wir halten fest:

> Nähert sich eine Folge
>
> $$a_0, a_1, a_2, a_3, \ldots$$
>
> für wachsende Werte von n immer mehr einer *festen* (endlichen) Zahl $\overline{a}$ an, so sagen wir, dass die Folge gegen $\overline{a}$ **konvergiert**. Der Wert $\overline{a}$ heisst dann **Grenzwert** der Folge, und wir schreiben
>
> $$\lim_{n \to \infty} a_n = \overline{a}.$$

Beispiel 1.7 Wir betrachten eine Folge, welche durch die Vorschrift

$$a_n = \frac{3n^2 - 4n + 10}{4n^2 - 5n + 7}, \qquad n \geq 1.$$

gegeben ist. Hier empfiehlt es sich, sowohl im Nenner als auch im Zähler des die Folge definierenden Bruchs den Faktor n^2 auszuklammern:

$$a_n = \frac{n^2 \left(3 - 4/n + 10/n^2\right)}{n^2 \left(4 - 5/n + 7/n^2\right)} = \frac{3 - 4/n + 10/n^2}{4 - 5/n + 7/n^2}.$$

Für $n \to \infty$ gilt

$$\left(3 - 4/n + 10/n^2\right) \to 3,$$

da sowohl $4/n$ als auch $10/n^2$ für wachsendes n immer mehr gegen null streben. Analog haben wir

$$\lim_{n \to \infty} \left(4 - 5/n + 7/n^2\right) = 4.$$

Somit folgt, dass $\lim_{n \to \infty} a_n = 3/4$. $\qquad\qquad\square$

Beispiel 1.8 Eine wichtige Folge, die verschiedentlich vorkommt, ist gegeben durch

$$a_n = \sqrt[n]{n}, \qquad n \geq 1,$$

also
$$a_1 = 1, \quad a_2 = \sqrt[2]{2} = \sqrt{2}, \quad a_3 = \sqrt[3]{3}, \quad \dots$$

Die Grenzwertbestimmung ist hier etwas aufwendiger. Zunächst definieren wir eine "Hilfsfolge":
$$b_n = \sqrt{\sqrt[n]{n}} - 1, \qquad n \geq 1.$$

Es ist leicht einzusehen, dass $b_n \geq 0$ für alle Folgeglieder erfüllt ist. Weiter gilt
$$1 + b_n = \sqrt{\sqrt[n]{n}} = \sqrt[n]{\sqrt{n}} \geq 1$$

und daher
$$\sqrt{n} = (1 + b_n)^n = (1 + b_n)(1 + b_n)^{n-1}$$
$$= (1 + b_n)^{n-1} + b_n \underbrace{(1 + b_n)^{n-1}}_{\geq 1} \geq (1 + b_n)^{n-1} + b_n.$$

In ähnlicher Weise folgt
$$\sqrt{n} \geq (1 + b_n)^{n-1} + b_n = (1 + b_n)(1 + b_n)^{n-2} + b_n$$
$$= (1 + b_n)^{n-2} + b_n(1 + b_n)^{n-2} + b_n \geq (1 + b_n)^{n-2} + 2b_n$$

und ebenso
$$\sqrt{n} \geq (1 + b_n)^{n-3} + 3b_n.$$

Führen wir diesen Prozess n-mal durch, so erhalten wir schlussendlich
$$\sqrt{n} \geq (1 + b_n)^0 + nb_n \geq nb_n.$$

Dividieren dieser Ungleichung durch n und Verwenden, dass $b_n \geq 0$, ergibt
$$\frac{1}{\sqrt{n}} \geq b_n \geq 0.$$

Dies zeigt, dass die Glieder der Hilfsfolge zwischen den Werten 0 und $1/\sqrt{n}$ "eingeklemmt" sind. Für wachsendes n wird dieser Bereich wegen $\lim_{n \to \infty} 1/\sqrt{n} = 0$ immer kleiner, so dass
$$\lim_{n \to \infty} b_n = 0$$

folgen muss. Mit der Definition von b_n ergibt sich dann
$$\lim_{n \to \infty} \left(\sqrt{\sqrt[n]{n}} - 1 \right) = 0$$

und deshalb $\lim_{n \to \infty} \sqrt[n]{n} = 1$.   □

Bemerkung 1.9 Es ist zu beachten, dass es Folgen gibt, die keinen Grenzwert haben. So sehen wir aus dem Beispiel der Bakterienkultur, dass die Glieder $B_n = 2^n$ der Folge mit wachsendem n immer grösser werden und sich keiner endlichen Zahl annähern. Manchmal schreibt man

$$\lim_{n \to \infty} B_n = \infty.$$

Auch die Folge

$$g_n = (-1)^n, \qquad n \geq 0,$$

mit den Gliedern

$$g_0 = 1, \quad g_1 = -1, \quad g_2 = 1, \quad g_3 = -1, \quad g_4 = 1, \quad g_5 = -1, \quad \dots$$

strebt gegen keinen festen Wert. Solche Folgen, die keinen Grenzwert haben, nennen wir **divergent**.

Ferner können Folgen Grenzwerte haben, die nicht "exakt" berechenbar sind. Das folgende Beispiel soll dies illustrieren.

Beispiel 1.10 In $100 \, cm^3$ einer Flüssigkeit befinden sich 100 Viren. Damit werden 100 Versuchstiere geimpft, indem jedem Tier $1 \, cm^3$ der Flüssigkeit verabreicht wird. Wie viele Tiere werden durchschnittlich nicht infiziert?

Lösung: Es ist hier nützlich, die Fragestellung etwas umzuformulieren: Wir verteilen 100 Viren auf 100 Tiere. Wie gross ist die Wahrscheinlichkeit, dass ein *bestimmtes* (aber beliebiges) Tier – nennen wir es Tier X – keinen Virus bekommt? Wir verteilen den ersten Virus: Die Wahrscheinlichkeit, dass er in Tier X gerät, ist $1/100$ (denn es gibt 100 Tiere); somit wird Tier X beim Verteilen des ersten Virus mit Wahrscheinlichkeit $99/100$ nicht getroffen. Beim Verteilen des zweiten Virus beträgt die Wahrscheinlichkeit, dass Tier X nicht infiziert wird, wiederum $99/100$. Die Wahrscheinlichkeit, dass Tier X bei beiden Ereignissen ohne Virus bleibt, ergibt sich daher als

$$\frac{99}{100} \cdot \frac{99}{100} = \left(1 - \frac{1}{100}\right) \cdot \left(1 - \frac{1}{100}\right) = \left(1 - \frac{1}{100}\right)^2.$$

Die Impfung wird 100-mal durchgeführt, und bei jedem Versuch ist die Wahrscheinlichkeit, dass Tier X nicht durch einen Virus befallen wird, gegeben durch $99/100$. Also berechnen wir die Wahrscheinlichkeit, dass Tier X nach 100 Versuchen immer noch nicht infiziert ist, als

$$p_{100} = \left(\frac{99}{100}\right)^{100} = \left(1 - \frac{1}{100}\right)^{100} \approx 0.366032 \approx 36.6\%. \qquad (1.11)$$

Da die Wahrscheinlichkeit des Virenbefalls bei jedem Tier gleich ist, werden somit von 100 Tieren durchschnittlich 37 Tiere nicht infiziert.

Wir verallgemeinern nun die Aufgabe etwas, indem wir sie für eine beliebe Anzahl n von Tieren und Viren formulieren: n Viren werden auf n Versuchstiere verteilt. Wie viele Tiere werden durchschnittlich nicht befallen? Die Wahrscheinlichkeit, in einem einzelnen Versuch nicht infiziert zu werden, beträgt $1 - 1/n$ (denn es gibt n Tiere). Beim Verteilen von n Viren errechnet sich die Wahrscheinlichkeit p_n, frei von Viren zu bleiben, analog wie oben als

$$p_n = \left(1 - \frac{1}{n}\right)^n.$$

Durch diese Formel ist eine Folge definiert. Es lässt sich zeigen, dass sie einen Grenzwert hat, d. h. für zunehmendes n nähert sich p_n immer mehr einer festen Zahl an. Dieser Grenzwert beträgt

$$\lim_{n\to\infty} p_n = \frac{1}{e} = e^{-1} = 0.367879\ldots, \tag{1.12}$$

wobei

$$e = 2.718281828459\ldots \tag{1.13}$$

die so genannte *Eulerzahl* (Leonard Euler, 1707–1783) ist. Die Zahlen e und e^{-1} sind nicht rational, d. h. sie haben keine endlichen oder periodischen Dezimaldarstellungen. In der Praxis sind sie daher nur näherungsweise berechenbar. Ganz allgemein gilt

$$e^x = \lim_{n\to\infty} \left(1 + \frac{x}{n}\right)^n$$

für beliebige reelle Zahlen x. Für $x = -1$ erhalten wir die Identität (1.12), wobei wir bemerken, dass der Grenzwert e^{-1} bereits ziemlich gut mit dem Wert p_{100} aus (1.11) übereinstimmt.

Die Funktion e^x ist die bekannte Exponentialfunktion, welche mathematisch oftmals mit exp bezeichnet wird, d. h.

$$\exp(x) = e^x.$$

Sie ist eine der bedeutendsten Funktionen in den Naturwissenschaften. □

1.4 Reihen

Reihen sind Folgen, welche sich durch Summen mit zunehmender Summandenzahl definieren.

1.4.1 Beispiele und Definition

Beispiel 1.14 Ein Patient muss jeden Abend um 20 Uhr eine Dosis d eines Medikaments einnehmen (beispielsweise $d = 10$ mg). Im Verlauf der nächsten 24 Stunden scheidet er $p = 30\%$ davon wieder aus. Wie gross ist die Menge M_n des Medikaments, die diese Person nach $n = 1, 2, 3, 4, \ldots$ Tagen im Körper hat?

Lösung: Zu Beginn nimmt der Patient die Dosis d des Medikaments zu sich:

$$M_0 = d.$$

Nach 1 Tag scheidet er $p = 30\%$ davon wieder aus, nimmt aber wiederum eine Dosis d zu sich:

$$M_1 = M_0 - 0.30M_0 + d = 0.7M_0 + d = 0.7d + d = d(1 + 0.7).$$

Dieser Vorgang wiederholt sich nach dem zweiten Tag,

$$M_2 = M_1 - 0.3M_1 + d = 0.7M_1 + d = 0.7d(1 + 0.7) + d = d(1 + 0.7 + 0.7^2),$$

und analog nach dem dritten Tag:

$$M_3 = M_2 - 0.3M_2 + d = d(1 + 0.7 + 0.7^2 + 0.7^3).$$

Ganz allgemein gilt nach Ablauf des Tages n:

$$\begin{aligned} M_n &= d(1 + 0.7 + 0.7^2 + 0.7^3 + \ldots + 0.7^n) \\ &= d(0.7^0 + 0.7^1 + 0.7^2 + 0.7^3 + \ldots + 0.7^n). \end{aligned}$$

Etwas kürzer verwenden wir die Summennotation

$$M_n = d \sum_{j=0}^{n} 0.7^j.$$

Für eine allgemeine Ausscheidungsrate p (mit $0 < p < 1$) haben wir

$$M_n = d \sum_{j=0}^{n} q^j = d(1 + q + q^2 + q^3 + \ldots + q^n), \tag{1.15}$$

wobei $q = 1 - p$. Wir halten fest, dass die Folge

$$M_0, M_1, M_2, M_3, \ldots$$

durch Addieren eines Summanden in jedem Schritt erzeugt wird, denn

$$M_n = M_{n-1} + d q^n.$$

Eine Folge von Teilsummen, die durch stetes Addieren neuer Terme entsteht, heisst eine **Teilsummenfolge**. Die entsprechende "unendliche Summe" im Grenzfall bezeichnen wir als **Reihe**. Im aktuellen Fall – wir zählen jeweils einen Summanden der speziellen Form $d q^n$ zum vorhergehenden Glied dazu – nennen wir die Summe (1.15) eine **geometrische Reihe**. Es gilt die vereinfachte Formel

$$\sum_{j=0}^{n} q^j = \frac{1 - q^{n+1}}{1 - q};$$
      (1.16)

siehe Übung 1.6. Da $0 < q < 1$, schliessen wir, dass

$$q^{n+1} \to 0 \qquad \text{für } n \to \infty.$$

Deshalb erhalten wir, dass

$$\lim_{n \to \infty} \sum_{j=0}^{n} q^j = \frac{1}{1 - q}.$$

Wir verwenden hier auch die Schreibweise

$$\sum_{j=0}^{\infty} q^j = \frac{1}{1 - q}.$$
      (1.17)

Es folgt

$$\lim_{n \to \infty} M_n = d \sum_{j=0}^{\infty} q^j = \frac{d}{1 - q} = \frac{d}{p}.$$

Dies ist die langfristige Menge des Medikaments, welche der Patient im Körper hat. Bemerkenswert ist, dass die Reihe – trotz der unendlichen Anzahl von Summanden – konvergiert. Die Medikamentenmenge im Körper stabilisiert sich also zu einem Grenzwert d/p.   □

Eine Folge $S_0, S_1, S_2, \ldots$ der Form

$$S_n = a_0 + a_1 + a_2 + \ldots + a_n = \sum_{j=0}^{n} a_j,$$

wobei die Zahlen $a_0, a_1, a_2, \ldots$ Glieder einer gegebenen Folge sind, heisst **Teilsummenfolge**. Wir sagen, dass die Teilsummenfolge **konvergiert**, falls die Folge $S_0, S_1, S_2, \ldots$ einen Grenzwert $\overline{S}$ hat. Wir schreiben dann

$$\overline{S} = \sum_{j=0}^{\infty} a_j.$$

Diese unendliche Summe nennt man **(unendliche) Reihe**.

Bemerkung 1.18 Im obigen Beispiel 1.14 ist $a_j = d q^j = d(1-p)^j$.

Bemerkung 1.19 Für eine konvergente Reihe

$$\sum_{j=0}^{\infty} a_j$$

muss immer gelten, dass $a_j \to 0$ für $j \to \infty$. Umgekehrtes gilt aber nicht, d. h., es gibt Folgen, die $a_j \to 0$ für $j \to \infty$ erfüllen, für welche aber die entsprechende Teilsummenfolge divergiert; siehe Beispiel 1.26 weiter unten.

1.4.2 Majoranten und Minoranten

Nebst der Frage nach der Berechnung des Grenzwerts einer Teilsummenfolge stellt sich in der Praxis oftmals die Frage, ob eine gegebene Reihe (also der Grenzwert der Teilsummenfolge) überhaupt existiert.

Beispiel 1.20 Wir betrachten die Reihe

$$\overline{S} = \sum_{j=0}^{\infty} \frac{1}{j!} = \frac{1}{0!} + \frac{1}{1!} + \frac{1}{2!} + \frac{1}{3!} + \ldots = \frac{1}{1} + \frac{1}{1} + \frac{1}{1 \cdot 2} + \frac{1}{1 \cdot 2 \cdot 3} + \frac{1}{1 \cdot 2 \cdot 3 \cdot 4} + \ldots$$

Der Ausdruck $n!$ heisst **Fakultät**[1] **von** n und ist das Produkt der ersten n natürlichen Zahlen:

$$n! = 1 \cdot 2 \cdot 3 \cdots (n-1) \cdot n. \tag{1.21}$$

Konvergiert diese Reihe? Wir betrachten die Teilsummenfolge

$$S_n = \sum_{j=0}^{n} \frac{1}{j!} = 1 + \frac{1}{1} + \frac{1}{1 \cdot 2} + \frac{1}{1 \cdot 2 \cdot 3} + \frac{1}{1 \cdot 2 \cdot 3 \cdot 4} + \ldots + \frac{1}{n!}$$

und beobachten, dass

$$\frac{1}{1} = \frac{1}{2^0}, \qquad \frac{1}{1 \cdot 2} = \frac{1}{2}, \qquad \frac{1}{1 \cdot 2 \cdot 3} \leq \frac{1}{2 \cdot 2} = \frac{1}{2^2}, \qquad \frac{1}{1 \cdot 2 \cdot 3 \cdot 4} \leq \frac{1}{2 \cdot 2 \cdot 2} = \frac{1}{2^3}.$$

Ganz allgemein gilt

$$\frac{1}{j!} = \frac{1}{1 \cdot 2 \cdot 3 \cdots j} \leq \frac{1}{2^{j-1}}.$$

Damit folgt:

$$S_n \leq 1 + \sum_{j=1}^{n} \frac{1}{2^{j-1}} = 1 + \sum_{j=0}^{n-1} \frac{1}{2^j} \leq 1 + \sum_{j=0}^{\infty} \left(\frac{1}{2}\right)^j.$$

Mit Hilfe der Formel (1.17) erhalten wir die Ungleichung

$$S_n \leq 1 + \frac{1}{1 - 1/2} = 3$$

für jede natürliche Zahl n. Daraus sehen wir mit $n \to \infty$, dass

$$\overline{S} = \lim_{n \to \infty} S_n \leq 3.$$

Da ausserdem jedes Glied S_n der Teilsummenfolge positiv ist, folgt

$$0 \leq \overline{S} \leq 3,$$

und wir erkennen, dass die Folge $\overline{S}$ konvergiert. In der Tat gilt die Identität

$$\sum_{j=0}^{\infty} \frac{1}{j!} = e, \tag{1.22}$$

wobei e die Eulerzahl aus (1.13) ist. Insbesondere zeigt dieses Beispiel, dass auch bei Reihen, gleich wie bei Folgen, die Grenzwertberechnung typischerweise nicht exakt möglich ist (vgl. Beispiel 1.10).   □

---

[1] Es gilt die Konvention $0! = 1$.

Das obige Beispiel basiert auf der Idee, die zu untersuchende Reihe durch eine andere, *konvergente* Reihe zu beschränken und daraus die Konvergenz der ersteren zu folgern.

Es sei eine Teilsummenfolge

$$S_n = a_0 + a_1 + a_2 + \ldots a_n = \sum_{j=0}^{n} a_j$$

gegeben, wobei wir voraussetzen, dass alle Glieder der Folge $a_0, a_1, a_2, \ldots$ nicht negativ sind. Ferner sei eine weitere Folge $b_0, b_1, b_2, \ldots$ gegeben, für die $0 \leq a_j \leq b_j$ für alle natürlichen Zahlen j gilt und deren Summe

$$\sum_{j=0}^{\infty} b_j \tag{1.23}$$

konvergiert. Dann konvergiert auch die Teilsummenfolge S_n:

$$0 \leq \overline{S} = \lim_{n \to \infty} S_n = \sum_{j=0}^{\infty} a_j \leq \sum_{j=0}^{\infty} b_j.$$

Die Summe (1.23) heisst **Majorante** der Summe $\overline{S}$.

Beispiel 1.24 Konvergiert die Reihe

$$\sum_{j=1}^{\infty} \frac{j}{3^j} ?$$

Man überlegt sich, dass

$$j \leq 2^j$$

für alle natürlichen Zahlen j, und daher gilt

$$\sum_{j=1}^{\infty} \frac{j}{3^j} \leq \sum_{j=1}^{\infty} \frac{2^j}{3^j} \leq \sum_{j=0}^{\infty} \left(\frac{2}{3}\right)^j = \frac{1}{1 - 2/3} = 3.$$

Wir erhalten als Majorante eine geometrische Reihe, die konvergiert. Somit konvergiert auch die ursprüngliche Reihe. □

In der Praxis kommen auch Reihen vor, deren einzelne Summanden wechselndes Vorzeichen haben.

Beispiel 1.25 Wir betrachten die Reihe

$$\sum_{j=0}^{\infty} \frac{(-1)^j}{j!} = \frac{1}{0!} - \frac{1}{1!} + \frac{1}{2!} - \frac{1}{3!} + \frac{1}{4!} - \frac{1}{5!} \pm \dots$$

Für die Teilsummenfolge

$$S_n = \sum_{j=0}^{n} \frac{(-1)^j}{j!} = \frac{1}{0!} - \frac{1}{1!} + \frac{1}{2!} - \frac{1}{3!} - \frac{1}{4!} - \frac{1}{5!} \pm \dots + \frac{(-1)^n}{n!}$$

gilt

$$-\frac{1}{0!} - \frac{1}{1!} - \frac{1}{2!} - \frac{1}{3!} - \frac{1}{4!} - \frac{1}{5!} - \dots - \frac{1}{n!} \le S_n \le \frac{1}{0!} + \frac{1}{1!} + \frac{1}{2!} + \frac{1}{3!} + \frac{1}{4!} + \frac{1}{5!} + \dots + \frac{1}{n!}.$$

Deshalb folgt

$$-\sum_{j=0}^{\infty} \frac{1}{j!} \le S_n \le \sum_{j=0}^{\infty} \frac{1}{j!}$$

für alle natürlichen Zahlen n. Für $n \to \infty$ haben wir

$$-e = -\sum_{j=0}^{\infty} \frac{1}{j!} \le \sum_{j=0}^{\infty} \frac{(-1)^j}{j!} \le \sum_{j=0}^{\infty} \frac{1}{j!} = e,$$

d. h., die gefragte Reihe lässt sich von unten und oben durch konvergente Reihen beschränken. Die untere Summe wird als **Minorante** bezeichnet. Die obere Summe heisst, wie zuvor, Majorante. □

Beispiel 1.26 Wir untersuchen nun eine Reihe, die *nicht* konvergiert. Es handelt sich um die sogenannte *harmonische Reihe*

$$\sum_{j=1}^{\infty} \frac{1}{j} = \frac{1}{1} + \frac{1}{2} + \frac{1}{3} + \frac{1}{4} + \frac{1}{5} + \dots$$

Wir benutzen die folgenden Ungleichungen:

$$\frac{1}{3} + \frac{1}{4} \ge 2 \cdot \frac{1}{4} = \frac{1}{2}$$

$$\frac{1}{5} + \frac{1}{6} + \frac{1}{7} + \frac{1}{8} \ge 4 \cdot \frac{1}{8} = \frac{1}{2}$$

$$\frac{1}{9} + \frac{1}{10} + \frac{1}{11} + \frac{1}{12} + \frac{1}{13} + \frac{1}{14} + \frac{1}{15} + \frac{1}{16} \ge 8 \cdot \frac{1}{16} = \frac{1}{2}.$$

Daraus erhalten wir

$$\sum_{j=1}^{\infty} \frac{1}{j} = \frac{1}{1} + \frac{1}{2}$$

$$+ \underbrace{\frac{1}{3} + \frac{1}{4}}_{\geq 1/2}$$

$$+ \underbrace{\frac{1}{5} + \frac{1}{6} + \frac{1}{7} + \frac{1}{8}}_{\geq 1/2}$$

$$+ \underbrace{\frac{1}{9} + \frac{1}{10} + \frac{1}{11} + \frac{1}{12} + \frac{1}{13} + \frac{1}{14} + \frac{1}{15} + \frac{1}{16} + \dots}_{\geq 1/2}$$

$$\geq 1 + \frac{1}{2} + \frac{1}{2} + \frac{1}{2} + \dots \to \infty.$$

Hier haben wir die fragliche Reihe durch eine *divergente minorante* Summe von unten abgeschätzt. Somit divergiert die harmonische Reihe. □

Anwendung 1.27 (Boltzmann-Verteilung)
Wir betrachten folgende thermodynamische Situation: In einem abgeschlossenen, isolierten Behälter befinden sich Gasmoleküle. Die Gesamtenergie E dieses Systems sei zeitlich konstant. Wir nehmen an, dass ein einzelnes Teilchen (beliebig viele) verschiedene "Energiezustände" $E_0, E_1, E_2, \dots$, mit

$$E_0 < E_1 < E_2 < \dots,$$

annehmen kann, und stellen folgende Frage: Wie gross ist der prozentuale (durchschnittliche) Anteil p_j der Gasteilchen, welche sich in einem gewissen Energiezustand E_j befinden? Diese Frage wurde 1877 von Ludwig Boltzmann (1844–1906) beantwortet. Es gilt:

$$p_j = Z e^{-k E_j}.$$

Hier ist $k > 0$ die sogenannte Boltzmann-Konstante und $Z > 0$ ein konstanter Faktor. Wir wissen, dass sich die prozentualen Anteile zu $100\% = 1$ addieren müssen, d. h.

$$p_0 + p_1 + p_2 + p_3 + \dots = 1,$$

und somit

$$1 = \sum_{i=0}^{\infty} p_i = \sum_{i=0}^{\infty} Z e^{-kE_i} = Z \sum_{i=0}^{\infty} e^{-kE_i}.$$

Wir erhalten daraus

$$Z = \frac{1}{\sum_{i=0}^{\infty} e^{-kE_i}}.$$

Die Grösse Z wird als *Zustandssumme* bezeichnet. Die unendliche Summe im Nenner konvergiert, falls es eine positive Zahl $\varepsilon > 0$ gibt, so dass

$$E_{i+1} - E_i \geq \varepsilon > 0$$

für alle natürlichen Zahlen i. Dies bedeutet, dass sich je zwei aufeinander folgende Energiezustände für wachsendes i nie beliebig nahe kommen. Dann gilt

$$E_i \geq E_{i-1} + \varepsilon \geq E_{i-2} + 2\varepsilon \geq E_{i-3} + 3\varepsilon \geq \ldots \geq E_0 + i\varepsilon.$$

Deshalb folgt

$$\sum_{i=0}^{\infty} e^{-kE_i} \leq \sum_{i=0}^{\infty} e^{-k(E_0 + i\varepsilon)} \leq e^{-kE_0} \sum_{i=0}^{\infty} e^{-ki\varepsilon} \leq e^{-kE_0} \sum_{i=0}^{\infty} \left(e^{-k\varepsilon}\right)^i.$$

Wir bemerken, dass

$$e^{-k\varepsilon} < 1,$$

da sowohl $k > 0$ als auch $\varepsilon > 0$. Deshalb ist der Ausdruck

$$e^{-kE_0} \sum_{i=0}^{\infty} \left(e^{-k\varepsilon}\right)^i = \frac{e^{-kE_0}}{1 - e^{-k\varepsilon}}$$

eine konvergente geometrische Reihe (siehe (1.17)) und eine Majorante der Reihe

$$\sum_{i=0}^{\infty} e^{-kE_i}.$$

Deshalb konvergiert diese Reihe tatsächlich, und die Zustandssumme Z ist wohldefiniert. Schliesslich erkennen wir, dass

$$p_j = \frac{e^{-kE_j}}{\sum_{i=0}^{\infty} e^{-kE_i}}.$$

Die so beschriebene Aufteilung der Wahrscheinlichkeiten für die verschiedenen Energiezustände heisst *Boltzmann-Verteilung*. $\diamondsuit$

1.5 Übungsaufgaben

1.1 (a) Am Anfang seien N Atome einer radioaktiv zerfallenden Substanz vorhanden. Die Halbwertszeit T ist definiert als die Zeit, welche verstreicht, bis nur noch die Hälfte der anfänglich vorhandenen Atome vorhanden ist. Wie gross ist die Anzahl $a_0, a_1, a_2, \ldots$ der Atome nach $n = 0, 1, 2, \ldots$ Halbwertszeiten? Stellen Sie eine allgemeine Formel für das diskrete Zeitmodell auf.

   (b) Die Halbwertszeit von Iod 131 beträgt ca. 8 Tage. Wie lange dauert es, bis von einer ursprünglichen Menge nur noch 1% übrig ist?

1.2 Finden Sie eine Formel für die Glieder der Folge

$$a_0 = \frac{11}{3}, \quad a_1 = \frac{24}{7}, \quad a_2 = \frac{37}{15}, \quad a_3 = \frac{50}{31}, \quad a_4 = \frac{63}{63}, \quad \ldots$$

und bestimmen Sie ihren Grenzwert.

1.3 Stellen Sie fest, ob die folgenden Folgen konvergieren, und bestimmen Sie gegebenenfalls den Grenzwert.

(a) $a_n = \dfrac{1}{\sqrt{n}}$

(b) $b_n = \dfrac{3n^2 - 7n + 1}{5n^2 + 10n + 23}$

(c) $c_n = 1 - \left(-\dfrac{1}{2}\right)^n$

(d) $d_n = \dfrac{2n}{\sqrt{n} + 1}$

(e) $e_n = \left(1 + \dfrac{3}{n}\right)^{5n}$

(f) $f_n = \sqrt{n+1} - \sqrt{n}$

1.4 Die beiden Folgen

$$a_n = \left(1 + \frac{1}{n}\right)^n$$

und

$$b_n = 1 + \frac{1}{1} + \frac{1}{1 \cdot 2} + \frac{1}{1 \cdot 2 \cdot 3} + \cdots + \frac{1}{1 \cdot 2 \cdots n}$$

konvergieren beide gegen die Eulerzahl e. Experimentieren Sie mit Ihrem Taschenrechner, um herauszufinden, welche von beiden schneller konvergiert.

1.5 (a) Bestimmen Sie den Grenzwert $\lim_{n \to \infty} \sqrt[2n]{n^{1000}} = ?$

(b) Wie gross ist der folgende Grenzwert?

$$\lim_{n\to\infty} \frac{\ln(n)}{n} = ?$$

Hier bezeichnet "ln" die natürliche Logarithmusfunktion.

1.6 Leiten Sie die explizite Formel für die geometrische Reihe

$$S_n = \sum_{j=0}^{n} q^j$$

her; siehe (1.16). Betrachten Sie dazu die Differenz $qS_n - S_n$.

1.7 (a) Bestimmen Sie den Wert der Reihe

$$\frac{1}{10} + \frac{1}{100} + \frac{1}{1000} + \dots$$

(b) Wie gross ist der Wert der Reihe, wenn jeder

(i) zweite
(ii) dritte

Summand ein Minuszeichen führt?

1.8 Bestimmen Sie die Grenzwerte der folgenden Reihen.

(a) $\dfrac{1}{3} + \dfrac{1}{9} + \dfrac{1}{27} + \dfrac{1}{81} + \dots$

(c) $\displaystyle\sum_{j=1}^{\infty} \left[\frac{1}{\sqrt{j+1}} - \frac{1}{\sqrt{j}} \right]$

(b) $\dfrac{1}{3} + \dfrac{1}{6} + \dfrac{1}{12} + \dfrac{1}{24} + \dots$

(d) $\displaystyle\sum_{j=1}^{\infty} \frac{j^2}{j!}$

1.9 Stellen Sie fest, ob die folgenden Reihen konvergieren. Sie brauchen die Grenzwerte nicht zu bestimmen.

(a) $\displaystyle\sum_{j=1}^{\infty} \frac{2^j}{\sqrt{j}\,5^j}$

(b) $\displaystyle\sum_{j=0}^{\infty} \frac{(-1)^j j}{2^j}$

(c) $\displaystyle\sum_{j=0}^{\infty} \frac{j^{1000}}{j!}$

(e) $\displaystyle\sum_{j=1}^{\infty} \ln\left(\frac{j}{j+1}\right)$

(d) $\displaystyle\sum_{j=1}^{\infty} \frac{1}{\sqrt{j}}$

(f) $\displaystyle\sum_{j=1}^{\infty} \frac{(-1)^{j}}{j}$

1.10 Wir betrachten die Teilproduktfolge

$$P_n = \prod_{j=2}^{n} \left(1 - \frac{1}{j}\right) = \left(1 - \frac{1}{2}\right)\left(1 - \frac{1}{3}\right)\cdots\left(1 - \frac{1}{n}\right).$$

Bestimmen Sie den Grenzwert

$$\overline{P} = \lim_{n\to\infty} P_n = \prod_{j=2}^{\infty} \left(1 - \frac{1}{j}\right).$$

Kapitel 2

Integralrechnung I

Wir werden im Folgenden eines der wichtigsten mathematischen Werkzeuge in den Naturwissenschaften kennenlernen: das bestimmte Integral. Sein Ursprung geht bereits auf die Antike zurück. Der eigentliche Integralbegriff entstand ab dem 17. Jahrhundert und wurde stetig weiterentwickelt. Wir werden hier das sogenannte *Riemann-Integral* besprechen, welches für die meisten einfacheren Anwendungen ausreichend ist.

2.1 Begriff des bestimmten Integrals

Beispiel 2.1 Wir betrachten die Parabelfunktion

$$f(x) = x^2 \tag{2.2}$$

im Bereich $0 \leq x \leq 1$ und berechnen den Inhalt der Fläche A, welche durch die x-Achse und den Graphen von f begrenzt wird.

Wir bestimmen den Flächeninhalt zunächst näherungsweise. Dazu approximieren wir die Fläche durch n kleine Rechtecke. Jedes der Rechtecke hat die Breite $\Delta x = 1/n$ und eine Höhe, welche dem Funktionswert von $f(x) = x^2$ an der entsprechenden Stelle entspricht; siehe Abbildung 2.1. Die Summe der Flächen der Rechtecke bezeichnen wir mit A_n. Es gilt:

$$
\begin{aligned}
A_n &= f(0)\Delta x + f(\Delta x)\Delta x + f(2\Delta x)\Delta x + f(3\Delta x)\Delta x \\
&\quad + \ldots + f((n-3)\Delta x)\Delta x + f((n-2)\Delta x)\Delta x + f((n-1)\Delta x)\Delta x \\
&= \Delta x \big[f(0) + f(\Delta x) + f(2\Delta x) + f(3\Delta x) \\
&\quad + \ldots + f((n-3)\Delta x) + f((n-2)\Delta x) + f((n-1)\Delta x) \big].
\end{aligned}
$$

Etwas kürzer können wir schreiben:

$$
A_n = \Delta x \sum_{j=0}^{n-1} f(j\Delta x). \tag{2.3}
$$

Einsetzen der Funktionsvorschrift (2.2) ergibt:

$$
A_n = \Delta x \sum_{j=0}^{n-1} (j\Delta x)^2 = \Delta x^3 \sum_{j=0}^{n-1} j^2 = \frac{1}{n^3} \sum_{j=0}^{n-1} j^2.
$$

Für die obige Summe gibt es eine explizite Formel, nämlich

$$
\sum_{j=0}^{n-1} j^2 = \frac{1}{6} n(n-1)(2n-1).
$$

Somit erhalten wir

$$
A_n = \frac{n(n-1)(2n-1)}{6n^3} = \frac{2n^3 - 3n^2 + n}{6n^3} = \frac{1}{3} - \frac{1}{2n} + \frac{1}{6n^2}.
$$

Dies ist die Summe der Flächen der n kleinen Rechtecke unterhalb des Graphen von f. Für $n = 1, 2, 3, \ldots$ erhalten wir eine Folge $A_1, A_2, A_3, \ldots$ von näherungsweisen Flächeninhalten, welche immer mehr der gesuchten Parabelfläche entspricht. Für $n \to \infty$ erhalten wir den exakten Flächeninhalt

$$
\begin{aligned}
A &= \lim_{n\to\infty} A_n = \lim_{n\to\infty} \left(\frac{1}{3} - \frac{1}{2n} + \frac{1}{6n^2} \right) \\
&= \lim_{n\to\infty} \frac{1}{3} - \lim_{n\to\infty} \frac{1}{2n} + \lim_{n\to\infty} \frac{1}{6n^2} = \frac{1}{3} - 0 + 0 = \frac{1}{3}
\end{aligned}
$$

unter der Parabel.   □

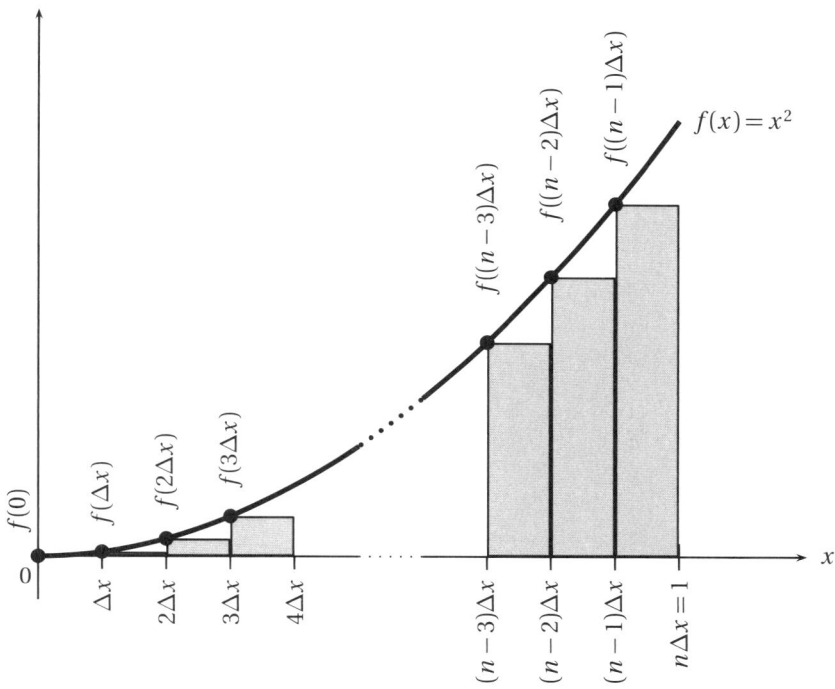

Abbildung 2.1: Approximation der Parabelfläche unter dem Graphen $f(x) = x^2$ im Bereich $0 \le x \le 1$.

Die näherungsweise Flächenformel (2.3) gilt ganz allgemein für *stetige* Funktionen f im Bereich $0 \le x \le 1$ und kann einfach auf beliebige Bereiche $a \le x \le b$, wobei $a < b$ linke bzw. rechte Bereichsgrenzen sind, erweitert werden. Grob gesagt, heisst eine Funktion *stetig*, wenn ihr Graph *ohne Absetzen* gezeichnet werden kann, d. h., wenn er weder Lücken noch Sprünge aufweist.[1]

---

[1] Gemäss dem alten Prinzip "natura non facit saltus" (die Natur macht keine Sprünge) ist die Annahme der Stetigkeit von Funktionen in vielen Anwendungen sinnvoll.

Für eine stetige Funktion $f = f(x)$, die in einem Bereich $a \leq x \leq b$ definiert ist, lässt sich die Fläche zwischen der x-Achse und dem Graphen der Funktion f *näherungsweise* approximieren durch n Rechtecke der Breite $\Delta x = \frac{b-a}{n}$, deren Gesamtfläche

$$\begin{aligned}
A_n &= f(a)\Delta x + f(a+\Delta x)\Delta x + f(a+2\Delta x)\Delta x \\
&\quad + \ldots + f(a+(n-2)\Delta x)\Delta x + f(a+(n-1)\Delta x)\Delta x \\
&= \Delta x \sum_{j=0}^{n-1} f(a+j\Delta x)
\end{aligned}$$

(2.4)

beträgt; siehe Abbildung 2.2. Wir nennen eine solche approximative Flächenformel, gebildet aus Rechtecken, eine **Riemann-Summe**.

Falls der Grenzwert der Folge $A_0, A_1, A_2, \ldots$ existiert, so bezeichnen wir ihn mit

$$\lim_{n \to \infty} A_n = \int_a^b f(x)\,\mathrm{d}x$$

und nennen ihn **bestimmtes Integral**[2] von f über dem Bereich von a bis b.

Bemerkung 2.5 Der Notation des Integrals liegt folgender Sinn zu Grunde: Im Grenzfall $n \to \infty$ wird die Riemann-Summe Σ zur "unendlichen" Summe $\int$. Die Breite Δx der Rechtecke strebt gegen eine "unendlich kleine" Grösse, die wir symbolisch mit $\mathrm{d}x$ bezeichnen.

Bemerkung 2.6 Mit Hilfe der oben eingeführten Notation können wir für die Parabelfläche aus Beispiel 2.1 schreiben:

$$\int_0^1 x^2\,\mathrm{d}x = \frac{1}{3}.$$

---

[2]Um *unstetige* Funktionen in einem Bereich $a \leq x \leq b$ zu integrieren, muss die obige Definition des bestimmten Integrals präzisiert werden. Genauer approximiert man in jenem Fall den Graphen der zu integrierenden Funktion durch sogenannte Unter- und Obersummen von Rechtecken. Untersummen werden gebildet aus Rechtecken, deren Höhe jeweils dem *minimalen* Funktionswert im entsprechenden Teilbereich entspricht. Analog dazu definieren wir Obersummen durch die *maximalen* Funktionswerte. Eine Funktion heisst dann *Riemann-integrierbar*, falls die Unter- und Obersummen mit zunehmender Rechteckszahl gegen denselben Wert konvergieren. Dieser Wert definiert dann das bestimmte Integral $\int_a^b f(x)\,\mathrm{d}x$.

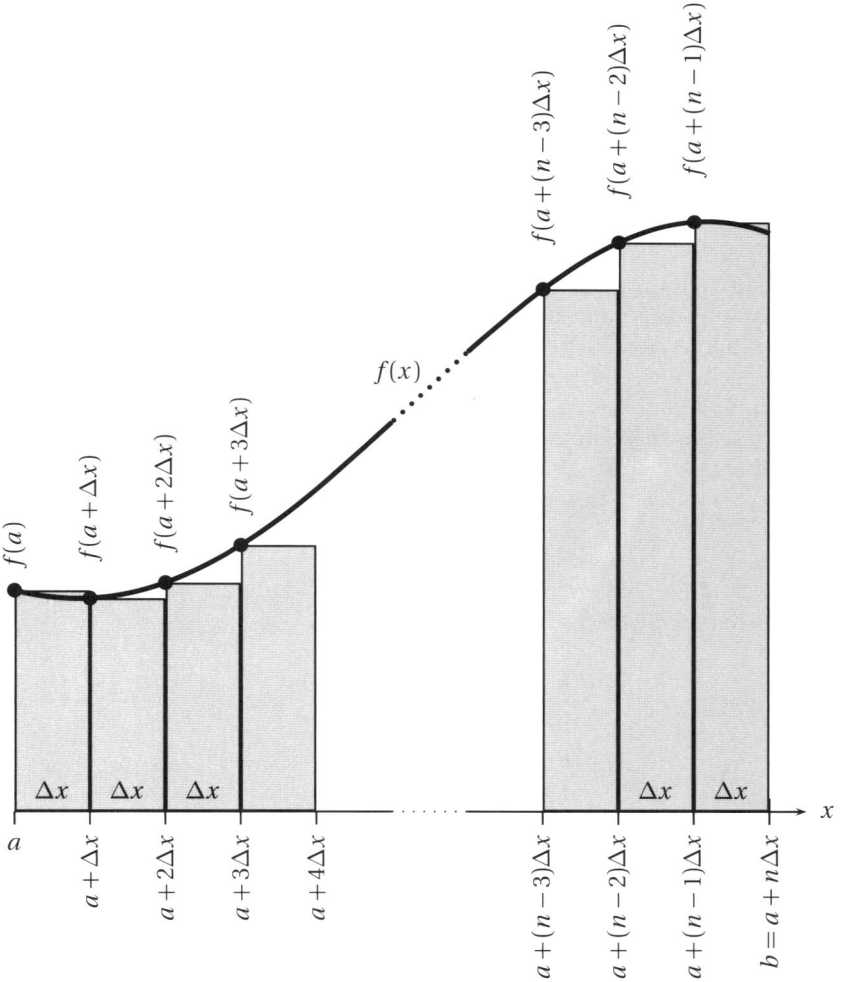

Abbildung 2.2: Approximative Fläche unter dem Graphen einer Funktion f im Bereich $a \leq x \leq b$.

Wir wollen nun in einem nächsten Schritt eine beliebige Potenzfunktion

$$f(x) = x^s,$$

wo $s \neq -1$ eine beliebige reelle Zahl ist, über einen Bereich $a \leq x \leq b$ integrieren. Der Einfachheit halber nehmen wir an, dass $a = 0$ ist. Es geht also um das bestimmte Integral

$$\int_0^b x^s \, dx.$$

Wir machen Gebrauch von einer Technik, welche Pierre de Fermat (1601–1665) entwickelt hat. Im Gegensatz zur Riemann-Summe (2.4), welche auf einer *regelmässigen* Unterteilung des Integrationsbereichs basiert, d. h. auf Rechtecken derselben Breite Δx, gehen wir hier einen alternativen Weg. Genauer werden wir die Fläche unter dem Graphen der zu integrierenden Funktion f durch Rechtecke mit *verschiedener* Breite angleichen. Wir wählen dazu eine (feste) Zahl r mit $0 < r < 1$. Die "Unterteilungsstellen" im Bereich $0 \leq x \leq b$ definieren wir dann als

$$b, br, br^2, br^3, \ldots.$$

Da $r < 1$ ist diese Folge abnehmend; siehe Abbildung 2.3. Die entsprechenden Rechtecke haben die Flächen

$$R_1 = (b - br)f(br) = b^{s+1}(1 - r)r^s$$
$$R_2 = (br - br^2)f(br^2) = b^{s+1}r(1 - r)r^{2s}$$
$$R_3 = (br^2 - br^3)f(br^3) = b^{s-1}r^2(1 - r)r^{3s}$$
$$R_4 = (br^3 - br^4)f(br^4) = b^{s-1}r^3(1 - r)r^{4s}$$
$$\vdots$$
$$R_j = b^{s+1}r^{j-1}(1 - r)r^{js}$$
$$\vdots$$

Die Gesamtsumme aller dieser Rechtecksflächen beträgt:

$$S_r = \sum_{j=1}^\infty R_j = \sum_{j=1}^\infty b^{s+1}r^{j-1}(1 - r)r^{js}.$$

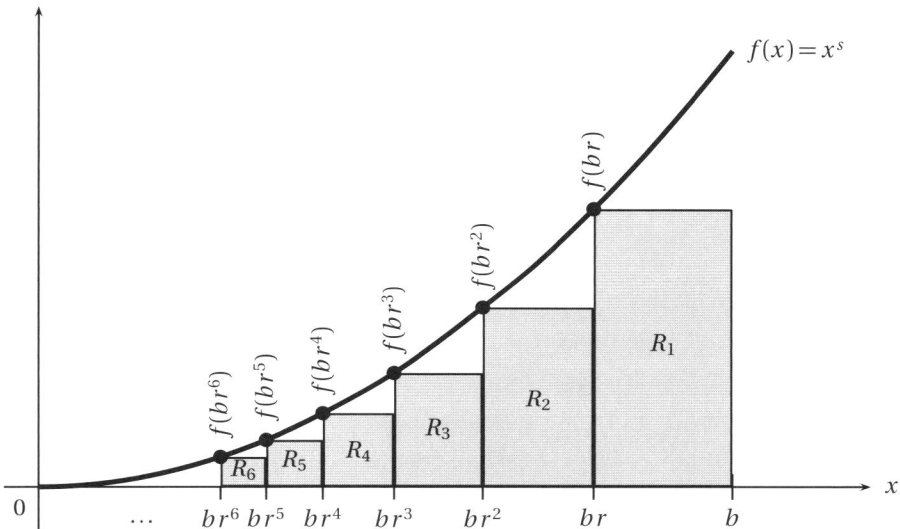

Abbildung 2.3: Approximation der Fläche unter dem Funktionsgraphen der Potenzfunktion $f(x) = x^s$ im Bereich $0 \leq x \leq b$.

Je näher die Zahl r bei 1 liegt, desto genauer approximiert die Summe S_r die gesuchte Fläche, da dann die Unterteilungsstellen immer näher zusammenrücken. Es gilt also

$$\lim_{r \to 1} S_r = \int_0^b x^s \, dx.$$

Um diesen Grenzwert bestimmen zu können, leiten wir zuerst eine vereinfachte Formel für S_r her. Durch Umformen gilt

$$S_r = \sum_{j=1}^{\infty} b^{s+1} r^{j-1} (1-r) r^{js} = b^{s+1}(1-r) \sum_{j=1}^{\infty} r^{j-1} r^{sj} = b^{s+1}(1-r) r^{-1} \sum_{j=1}^{\infty} r^{(s+1)j}$$

$$= b^{s+1}(1-r) r^{-1} \left(\sum_{j=0}^{\infty} r^{(s+1)j} - 1 \right).$$

Die Summe in der Klammer ist eine geometrische Reihe. Unter Verwendung von (1.17) folgt:

$$\sum_{j=0}^{\infty} r^{(s+1)j} = \sum_{j=0}^{\infty} \left(r^{s+1}\right)^j = \frac{1}{1-r^{s+1}}.$$

Daher

$$S_r = b^{s+1}(1-r)r^{-1}\left(\frac{1}{1-r^{s+1}}-1\right) = b^{s+1}(1-r)\frac{r^s}{1-r^{s+1}} = b^{s+1}r^s\left(\frac{1-r^{s+1}}{1-r}\right)^{-1}.$$

Mit der Formel (1.16) sehen wir, dass

$$\frac{1-r^{s+1}}{1-r} = 1+r+r^2+r^3+\ldots+r^s.$$

Somit gilt:

$$S_r = b^{s+1}r^s\left(1+r+r^2+r^3+\ldots+r^s\right)^{-1}.$$

Mit $r \to 1$ erhalten wir dann, dass

$$\lim_{r \to 1} r^s = 1$$

und

$$\lim_{r \to 1}\left(1+r+r^2+r^3+\ldots+r^s\right)^{-1} = \left(1+1^1+1^2+1^3+\ldots+1^s\right)^{-1} = \frac{1}{s+1}.$$

Zusammengefasst:

$$\lim_{r \to 1} S_r = \frac{b^{s+1}}{s+1}.$$

Also haben wir die Formel

$$\int_0^b x^s \, dx = \frac{b^{s+1}}{s+1}, \qquad s \neq -1, \qquad (2.7)$$

gezeigt.

2.2   Eigenschaften des bestimmten Integrals

Aus der Tatsache, dass sich Integrale als Grenzwerte von (endlichen) Riemann-Summen ergeben, leiten sich einige wichtige Eigenschaften des bestimmten Integrals ab.

Zunächst beobachten wir: Für zwei Funktionen f und g auf einem bestimmten Bereich $a \leq x \leq b$ und eine beliebige Konstante α gilt, dass

$$\Delta x \sum_{j=0}^{n-1} \left[f\left(a+j\Delta x\right) + g\left(a+j\Delta x\right) \right] = \Delta x \sum_{j=0}^{n-1} f\left(a+j\Delta x\right) + \Delta x \sum_{j=0}^{n-1} g\left(a+j\Delta x\right)$$

und

$$\Delta x \sum_{j=0}^{n-1} \alpha f\left(a+j\Delta x\right) = \alpha \Delta x \sum_{j=0}^{n-1} f\left(a+j\Delta x\right).$$

Daher folgt:

Es seien f und g zwei stetige Funktionen über einen Bereich $a \leq x \leq b$ und α eine Konstante. Dann gilt

$$\int_a^b \left[f(x) + g(x) \right] \mathrm{d}x = \int_a^b f(x)\,\mathrm{d}x + \int_a^b g(x)\,\mathrm{d}x \qquad (2.8)$$

und

$$\int_a^b \alpha f(x)\,\mathrm{d}x = \alpha \int_a^b f(x)\,\mathrm{d}x. \qquad (2.9)$$

Diese beiden Eigenschaften werden unter dem Begriff **Linearität des bestimmten Integrals** zusammengefasst.

Ähnlich gilt:

Für drei Zahlen $a \leq b \leq c$ haben wir

$$\int_a^b f(x)\,\mathrm{d}x + \int_b^c f(x)\,\mathrm{d}x = \int_a^c f(x)\,\mathrm{d}x. \qquad (2.10)$$

Diese Tatsache nennen wir **Additivität des bestimmten Integrals**.

Aus dieser Formel folgt übrigens, dass

$$\int_a^b x^s \,\mathrm{d}x = \int_0^b x^s \,\mathrm{d}x - \int_0^a x^s \,\mathrm{d}x,$$

und so ergibt sich mit Hilfe von (2.7) die Formel

$$\int_a^b x^s \, dx = \frac{b^{s+1} - a^{s+1}}{s+1}. \tag{2.11}$$

Insbesondere folgt aus der Tatsache, dass $x^0 = 1$ für jeden beliebigen Wert von x, die offensichtliche Formel

$$\int_a^b 1 \, dx = \int_a^b x^0 \, dx = \frac{b^1 - a^1}{0+1} = b - a. \tag{2.12}$$

Es kann vorkommen, dass bei einer Integralberechnung

$$\int_a^b f(x) \, dx$$

die untere Bereichsgrenze a grösser ist als die obere Integrationsgrenze b, d. h. $a \geq b$. In diesem Fall ist $\Delta x = \frac{b-a}{n}$ *negativ* und es gilt $\frac{a-b}{n} = -\Delta x$. Daraus ergibt sich die Identität:

$$\int_a^b f(x) \, dx = - \int_b^a f(x) \, dx.$$

Mit Hilfe der Formel (2.11) und den obigen elementaren Eigenschaften des bestimmten Integrals lässt sich jetzt jede Funktion der Form

$$f(x) = a_n x^n + a_{n-1} x^{n-1} + a_{n-2} x^{n-2} + \ldots + a_2 x^2 + a_1 x + a_0,$$

wo $a_0, a_1, \ldots, a_n$ konstante Zahlen (Koeffizienten) sind, integrieren. Solche Funktionen nennen wir **Polynome vom Grad** n (falls $a_n \neq 0$).

Beispiel 2.13 Gesucht ist der Wert des bestimmten Integrals

$$\int_0^2 (2x^3 - x^2 + 5x + 7) \, dx = ?$$

Es gilt:

$$\int_0^2 (2x^3 - x^2 + 5x + 7)\,\mathrm{d}x \overset{(2.8)}{=} \int_0^2 2x^3\,\mathrm{d}x + \int_0^2 \left(-x^2\right)\,\mathrm{d}x + \int_0^2 5x\,\mathrm{d}x + \int_0^2 7\,\mathrm{d}x$$

$$\overset{(2.9)}{=} 2\int_0^2 x^3\,\mathrm{d}x - \int_0^2 x^2\,\mathrm{d}x + 5\int_0^2 x\,\mathrm{d}x + 7\int_0^2 1\,\mathrm{d}x$$

$$\overset{(2.11)}{=} 2\cdot\frac{2^4}{4} - \frac{2^3}{3} + 5\cdot\frac{2^2}{2} + 7\cdot 2$$

$$= 8 - \frac{8}{3} + 10 + 14 = \frac{88}{3}.$$

Wir bemerken, dass das Integral

$$\int_0^2 1\,\mathrm{d}x = 2$$

sowohl als Rechtecksfläche mit Höhe 1 (Funktionswert) und Breite 2 (Länge des Integrationsbereichs) als auch mit Hilfe der Formel (2.12), d. h.

$$\int_0^2 1\,\mathrm{d}x = \int_0^2 x^0\,\mathrm{d}x = \frac{2^1 - 0^1}{1} = 2,$$

berechnet werden kann. □

2.3 Allgemeinere Anwendung des bestimmten Integrals

Das bestimmte Integral wird nicht nur zur Flächenberechnung eingesetzt, sondern ist in seiner Anwendung wesentlich weitreichender. Das folgende Beispiel soll dies illustrieren.

Beispiel 2.14 Wie viel potenzielle Energie (Arbeit) war nötig, um die Cheopspyramide zu errichten? Die Pyramide war ursprünglich ca. $H = 147$ m hoch und hatte eine quadratische Grundfläche von etwa $A = 53'000\mathrm{m}^2$.

Lösung: Wir zerlegen die Pyramide in n horizontale, aufeinandergeschichtete Scheiben $S_0, S_1, S_2, \ldots, S_{n-1}$ der Höhe $\Delta h = {}^H/n$; siehe Abbildung 2.4.

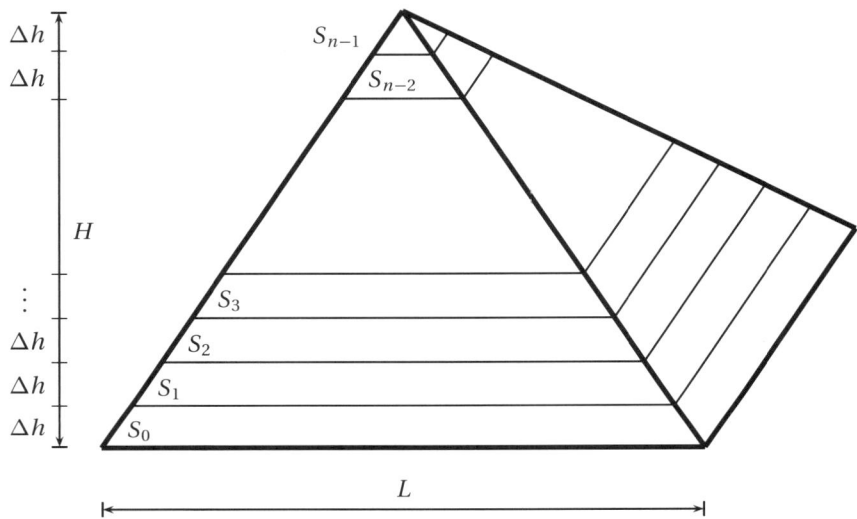

Abbildung 2.4: Pyramide.

Die Scheibe S_0 befindet sich auf der Höhe $h = 0$ und enthält gegenüber der Bodenhöhe ($h = 0$) keine potenzielle Energie. Die Scheibe S_1 wird auf die Höhe $h = \Delta h$ gehoben. Dazu braucht es die Arbeit

$$E_1 = \Delta h \, m_1 g,$$

wobei m_1 die Masse der Scheibe ist. Genauso enthält die zweite Scheibe die potenzielle Energie

$$E_2 = 2\Delta h \, m_2 g.$$

Hier ist m_2 die Masse von S_2. Die Gesamtarbeit, die benötigt wird, um die Pyramide zu errichten, ist näherungsweise gegeben durch

$$E = E_1 + E_2 + \ldots + E_{n-2} + E_{n-1} = \sum_{j=1}^{n-1} E_j = \sum_{j=1}^{n-1} j\Delta h \, m_j g = g\Delta h \sum_{j=0}^{n-1} j m_j.$$

Um diese Formel weiter auswerten zu können, berechnen wir die Masse m_j der Scheibe S_j. Dazu beobachten wir, dass die Seitenlänge L_j der (quadratischen)

Scheibe S_j gegeben ist durch

$$L_j = L\left(1 - \frac{j}{n}\right) = \frac{L}{H}\left(H - \frac{Hj}{n}\right) = \frac{L}{H}\left(H - j\Delta h\right).$$

Hier ist $L = L_0 = \sqrt{A}$ die Seitenlänge der Grundfläche. Wenn wir die (durchschnittliche) Dichte der Pyramide mit ρ bezeichnen, so berechnet sich die Masse der Scheibe S_j näherungsweise durch

$$m_j \approx L_j^2 \rho \Delta h = \rho \Delta h \frac{L^2}{H^2}\left(H - j\Delta h\right)^2.$$

Daraus folgt:

$$E \approx \rho\, g (\Delta h)^2 \frac{L^2}{H^2} \sum_{j=0}^{n-1} j\left(H - j\Delta h\right)^2 = \rho\, g \frac{L^2}{H^2} \Delta h \sum_{j=0}^{n-1} j\Delta h\left(H - j\Delta h\right)^2.$$

Die Approximation ist umso besser, je grösser n (bzw. je kleiner Δh ist). Wir bemerken, dass die Summe

$$\Delta h \sum_{j=0}^{n-1} j\Delta h\left(H - j\Delta h\right)^2 = \Delta h \sum_{j=0}^{n-1} f(j\Delta h)$$

eine Riemann-Summe für die Funktion $f(h) = h(H - h)^2$ im Bereich $0 \le h \le H$ ist. Für $n \to \infty$ (bzw. $\Delta h = H/n \to 0$) konvergiert sie gegen das bestimmte Integral

$$\int_0^H f(h)\,\mathrm{d}h = \int_0^H h(H-h)^2\,\mathrm{d}h = H^2 \int_0^H h\,\mathrm{d}h - 2H \int_0^H h^2\,\mathrm{d}h + \int_0^H h^3\,\mathrm{d}h$$

$$\stackrel{(2.7)}{=} \frac{H^4}{2} - \frac{2H^4}{3} + \frac{H^4}{4} = \frac{H^4}{12}.$$

Somit erhalten wir

$$E = \rho\, g \frac{L^2}{H^2} \frac{H^4}{12} = \frac{\rho\, g L^2 H^2}{12} = \frac{\rho\, g A H^2}{12}.$$

Das Volumen der Pyramide ist gegeben durch $V = \frac{1}{3} A H$, ihre Masse durch $M = \rho V = \frac{1}{3} \rho A H$. Die potenzielle Energie kann somit auch als

$$E = \frac{1}{4} g M H.$$

geschrieben werden. Das geschätzte Gesamtgewicht der Pyramide beträgt $M = 6.25 \cdot 10^9$ kg. Mit $H = 147$ m ergibt dies $E = 2.2532 \cdot 10^{12}$ J. Dies entspricht etwa 7 Millionen 20 kg-Kartoffelsäcken, welche die Eigernordwand (ca. 1650 m) hoch-transportiert werden.   □

Anwendung 2.15   (Rotationsvolumen)
Wir betrachten eine Funktion $f = f(x)$ in einem Definitionsbereich $a \le x \le b$. Nun lassen wir den Graphen der Funktion f um die x-Achse rotieren. Dabei ensteht ein dreidimensionaler Körper, der bezüglich der x-Achse rotationssymmetrisch ist. Wie gross ist sein Volumen V?

Lösung: Wir "zerschneiden" den Körper entlang der x-Achse in n dünne kreis-förmige Scheiben mit der Breite $\Delta x = {}^{b-a}\!/n$; siehe Abbildung 2.5. Die einzelnen Scheiben sind näherungsweise zylinderförmig. Ein Zylinder mit Grundkreisradi-us r und Höhe h hat das Volumen:

$$\text{Grundfläche} \cdot \text{Höhe} = \pi r^2 h.$$

Alle Scheiben haben hier die Höhe Δx. Der Radius einer Scheibe ist gegeben durch den jeweiligen Funktionswert. Das Volumen der ersten Scheibe beträgt somit:

$$S_0 = \pi f(a)^2 \Delta x.$$

Die zweite Scheibe hat das Volumen

$$S_1 = \pi f(a + \Delta x)^2 \Delta x.$$

Für das Volumen der dritten Scheibe gilt:

$$S_2 = \pi f(a + 2\Delta x)^2 \Delta x.$$

Allgemein gilt für das Volumen der j-ten Scheibe:

$$S_j = \pi f(a + j\Delta x)^2 \Delta x.$$

Das gesuchte Rotationsvolumen ist dann näherungsweise gegeben durch

$$V \approx S_0 + S_1 + \ldots + S_{n-1} = \sum_{j=0}^{n-1} S_j = \pi \Delta x \sum_{j=0}^{n-1} f(a + j\Delta x)^2.$$

Dies ist eine Riemann-Summe! Mit $n \to \infty$ und $\Delta x = {}^{b-a}\!/n$ gilt:

$$V = \lim_{n\to\infty} \sum_{j=0}^{n-1} S_j = \pi \lim_{n\to\infty} \left(\Delta x \sum_{j=0}^{n-1} f(a + j\Delta x)^2 \right) = \pi \int_a^b f(x)^2 \, dx.$$

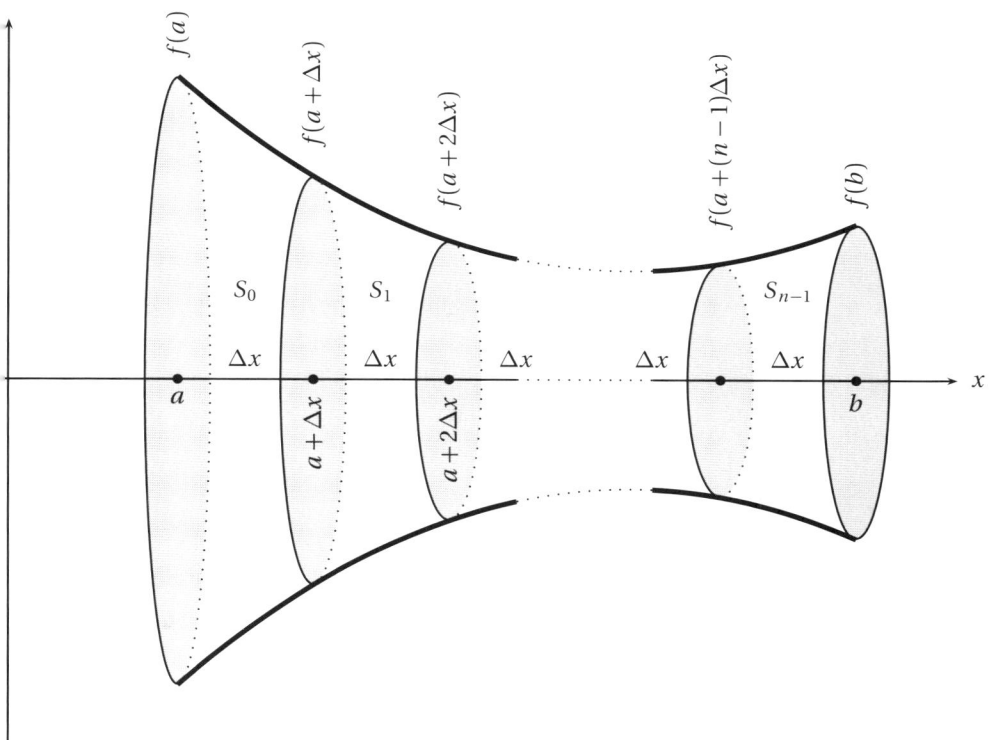

Abbildung 2.5: Rotationsvolumen.

Wir fassen zusammen:

Es sei $f = f(x)$ eine stetige Funktion in einem Bereich $a \leq x \leq b$. Durch Rotation des Graphen von f entsteht ein Rotationskörper. Sein Volumen V ist durch die Formel

$$V = \pi \int_a^b f(x)^2 \, dx \qquad (2.16)$$

gegeben.

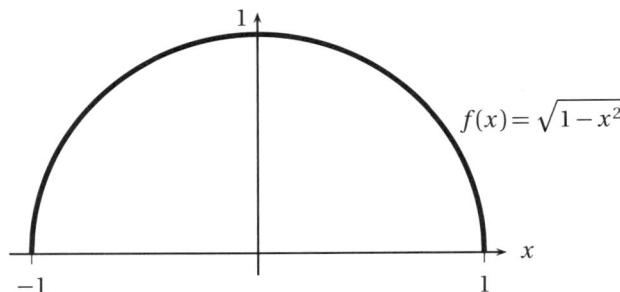

Abbildung 2.6: Obere Halbkreislinie.

Beispiel 2.17 Wir betrachten einen Kreis mit Radius 1 und Zentrum im Ursprung des x-y-Koordinatensystems. Alle Punkte (x, y) auf dem Kreis erfüllen die Gleichung

$$x^2 + y^2 = 1.$$

Für die obere Halbkreislinie gilt dann

$$y = \sqrt{1 - x^2}, \qquad -1 \le x \le 1.$$

Das gleiche Bild entsteht, wenn wir den Graphen der Funktion

$$f(x) = \sqrt{1 - x^2}$$

im Definitionsbereich $-1 \le x \le 1$ aufzeichnen; siehe Abbildung 2.6. Rotieren wir diesen Graphen um die x-Achse, so entsteht eine Kugel mit Radius 1. Ihr Volumen ist gegeben durch die Formel (2.16):

$$\pi \int_{-1}^{1} f(x)^2 \, \mathrm{d}x = \pi \int_{-1}^{1} 1 - x^2 \, \mathrm{d}x = \pi \int_{-1}^{1} 1 \, \mathrm{d}x - \pi \int_{-1}^{1} x^2 \, \mathrm{d}x = 2\pi - \frac{2\pi}{3} = \frac{4\pi}{3}.$$

$\square$

2.4   Numerische Integration

In der Praxis ist es oftmals wünschenswert, sinnvoll oder gar nötig, Integrale näherungsweise mit Hilfe von *numerischen Methoden* zu berechnen. Dafür gibt es mehrere Gründe:

- Viele Integrale sind nicht exakt berechenbar, d. h., der Grenzwert der entsprechenden Riemann-Summe kann nicht bestimmt werden. Ein klassisches Beispiel ist das bestimmte Integral

$$\int_0^1 e^{x^2} \, dx.$$

- Oftmals ist die Kenntnis eines exakten Integralwerts in der Praxis überhaupt nicht erforderlich und eine genügend genaue Näherung ist völlig ausreichend. Ausserdem ist die Bestimmung eines exakten Wertes in gewissen Situation nur bedingt vernünftig. Beispielsweise kommt es häufig vor, dass Funktionen von Messungen her stammen, welche fehlerbehaftet sind; der *exakte Wert* eines bestimmten Integrals wird in solchen Fällen höchstwahrscheinlich vom *Realwert* abweichen, so dass eine Approximation ohnehin ausreicht.

- In manchen Fällen, zum Beispiel als Resultat von Datenerhebungen, sind zu integrierende Funktionen nur diskret verfügbar. Hier ist eine Grenzwertbildung von Riemann-Summen gar nicht möglich.

Im Folgenden werden wir zwei bekannte numerische Integrationsverfahren – sogenannte *Quadraturformeln* – besprechen. Zum einen ist dies die Trapezregel, welche auf der Idee der Riemann-Summen aufbaut, andererseits betrachten wir als mögliche Verbesserung die häufig verwendete Simpsonmethode.

2.4.1 Trapezregel

Im Prinzip definiert die Riemann-Summe (2.4) bereits eine numerische Integrationsformel. Die Näherung wird umso genauer, je grösser die Anzahl n der Rechtecke ist. Die Formel lässt sich einfach verbessern, indem in der Annäherung von Flächen unter Funktionsgraphen anstatt Rechtecken geeignete *Trapeze* verwendet werden. Aus Abbildung 2.2 wird dann die Figur 2.7.

Bezeichnen wir die einzelnen Trapezflächen mit $T_1, T_2, T_3, \ldots, T_n$, so gilt

$$\int_a^b f(x) \, dx \approx T_1 + T_2 + T_3 + \cdots + T_n.$$

Diese Approximation wird mit wachsender Anzahl n von Trapezen immer genauer.

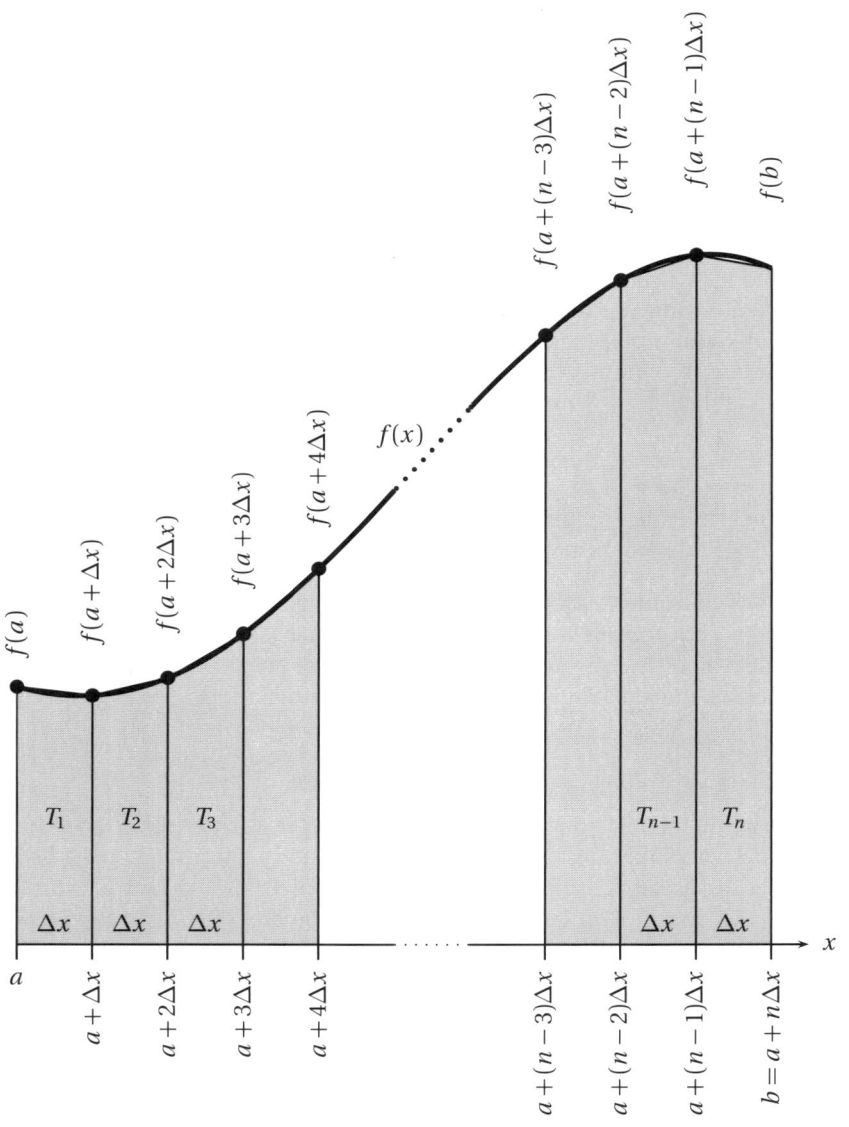

Abbildung 2.7: Näherungsweise Berechnung der Fläche unter dem Graphen einer Funktion f im Bereich $a \leq x \leq b$ mit Hilfe von Trapezen.

Die Trapezflächen berechnen sich wie folgt:

$$T_1 = \Delta x \frac{f(a) + f(a + \Delta x)}{2}$$

$$T_2 = \Delta x \frac{f(a + \Delta x) + f(a + 2\Delta x)}{2}$$

$$T_3 = \Delta x \frac{f(a + 2\Delta x) + f(a + 3\Delta x)}{2}$$

$$\vdots \qquad\qquad\qquad\qquad\qquad (2.18)$$

$$T_j = \Delta x \frac{f(a + (j - 1)\Delta x) + f(a + j\Delta x)}{2}$$

$$\vdots$$

$$T_n = \Delta x \frac{f(a + (n - 1)\Delta x) + f(a + n\Delta x)}{2}$$

Durch Aufsummieren erhalten wir den gesamten Flächeninhalt der Näherungsfläche:

$$T_1 + T_2 + T_3 + \cdots + T_n$$

$$= \frac{\Delta x}{2} \Big(f(a) + f(a + \Delta x)$$

$$+ f(a + \Delta x) + f(a + 2\Delta x)$$

$$+ f(a + 2\Delta x) + f(a + 3\Delta x)$$

$$+ \cdots + f(a + (n - 1)\Delta x) + f(a + n\Delta x) \Big)$$

$$= \frac{\Delta x}{2} \Big(f(a) + 2f(a + \Delta x) + 2f(a + 2\Delta x) + 2f(a + 3\Delta x)$$

$$+ \cdots + 2f(a + (n - 1)\Delta x) + f(\underbrace{a + n\Delta x}_{=b}) \Big)$$

$$= \frac{\Delta x}{2} (f(a) + f(b))$$

$$+ \Delta x \Big(f(a + \Delta x) + f(a + 2\Delta x) + f(a + 3\Delta x) + \cdots + f(a + (n - 1)\Delta x) \Big)$$

Zusammengefasst erhalten wir die sogenannte **Trapezregel:**

Es gilt die näherungsweise Quadraturformel

$$\int_a^b f(x)\,dx \approx \frac{\Delta x}{2}(f(a)+f(b))$$

$$+\Delta x\Big(f(a+\Delta x)+f(a+2\Delta x)+\cdots+f(a+(n-1)\Delta x)\Big).$$
(2.19)

Hier ist $\Delta x = \frac{b-a}{n}$. Die Formel wird umso genauer, je grösser n ist.

Bemerkung 2.20 Man kann sich die Trapezregel einfach merken: Sie ist die Summe aus dem Durchschnitt der beiden Randfunktionswerte $f(a)$ und $f(b)$ und der Summe aller "Zwischenfunktionswerte", multipliziert mit Δx.

Beispiel 2.21 Wir integrieren die Funktion

$$f(x) = \frac{1}{1+x^2}$$

über das Gebiet $0 \le x \le 1$ mit $n = 4$ Trapezen (hier ist $a = 0$ und $b = 1$). Mit der Trapezregel haben wir dann

$$\int_0^1 f(x)\,dx \approx \frac{\Delta x}{2}(f(0)+f(1))+\Delta x\Big(f(\Delta x)+f(2\Delta x))+f(3\Delta x)\Big),$$

wobei $\Delta x = 1/4$. Folglich,

$$\int_a^b f(x)\,dx \approx \frac{1}{8}(f(0)+f(1))$$

$$+\frac{1}{4}\left(f\left(\frac{1}{4}\right)+f\left(\frac{2}{4}\right)+f\left(\frac{3}{4}\right)\right)$$

$$=\frac{1}{8}\left(\frac{1}{1}+\frac{1}{2}\right)+\frac{1}{4}\left(\frac{16}{17}+\frac{4}{5}+\frac{16}{25}\right)$$

$$=0.782794\ldots$$

Das exakte Resultat beträgt $\pi/4 = 0.785398\ldots$, d. h., die Approximation stimmt bereits auf zwei Nachkommastellen genau. □

2.4.2   Fass- und Simpsonregel

Die Grundidee hinter der Trapezregel lässt sich auch so formulieren: Ersetze den Graphen der Funktion f Stück für Stück durch eine Gerade. Die Fläche unter dem Graphen der dadurch entstehenden *stückweise linearen* Funktion ist einfach berechenbar (nämlich mit Hilfe der Formel für Trapezflächen).

Die Simpsonregel, die wir in diesem Abschnitt behandeln wollen, basiert auf einem ähnlichen Ansatz:

1. Ersetze den Graphen der Funktion f Stück für Stück durch eine *Parabel*.

2. Integriere die stückweisen Parabelflächen separat mit Hilfe der Formel (2.11) und addiere zum Schluss die einzelnen Teilflächen.

Befassen wir uns zuerst mit *Punkt 1:* Dazu betrachten wir eine Funktion f in einem Bereich $c \le x \le c + \Delta x$, mit $\Delta x > 0$. Hier ist c irgendein Punkt auf der x-Achse. Wir wollen nun die Funktion f durch eine Parabel p im betrachteten Bereich "ersetzen". Dies wollen wir so tun, dass die Parabel möglichst "ähnlich" zur ursprünglichen Funktion f ist. Hierzu gibt es viele verschiedene Möglichkeiten. Wir lösen die Aufgabe, indem wir die Parabel p so wählen, dass sie die Funktion f in den Punkten

$$c, \qquad c + \frac{\Delta x}{2}, \qquad c + \Delta x$$

exakt angleicht; siehe Abbildung 2.8.

Eine Rechnung zeigt (siehe Übung 2.14), dass die gesuchte Parabel wie folgt gegeben ist:

$$p(x) = \frac{2f(c) - 4f(c + \Delta x/2) + 2f(c + \Delta x)}{\Delta x^2}(x - c - \Delta x/2)^2$$
$$+ \frac{f(c + \Delta x) - f(c)}{\Delta x}\left(x - c - \frac{\Delta x}{2}\right) + f(c + \Delta x/2). \tag{2.22}$$

Selbst wenn diese Funktion etwas kompliziert anmutet, so ist sie quadratisch in x, d. h. von der Form

$$p(x) = \alpha x^2 + \beta x + \gamma,$$

mit passenden Konstanten α, β, γ, und kann mit der Formel (2.11) über den Bereich $c \le x \le c + \Delta x$ integriert werden. Man berechnet (vgl. Übung 2.14):

$$\int_c^{c+\Delta x} f(x)\mathrm{d}x \approx \int_c^{c+\Delta x} p(x)\mathrm{d}x = \frac{\Delta x}{6}\left(f(c) + 4f(c + \Delta x/2) + f(c + \Delta x)\right). \tag{2.23}$$

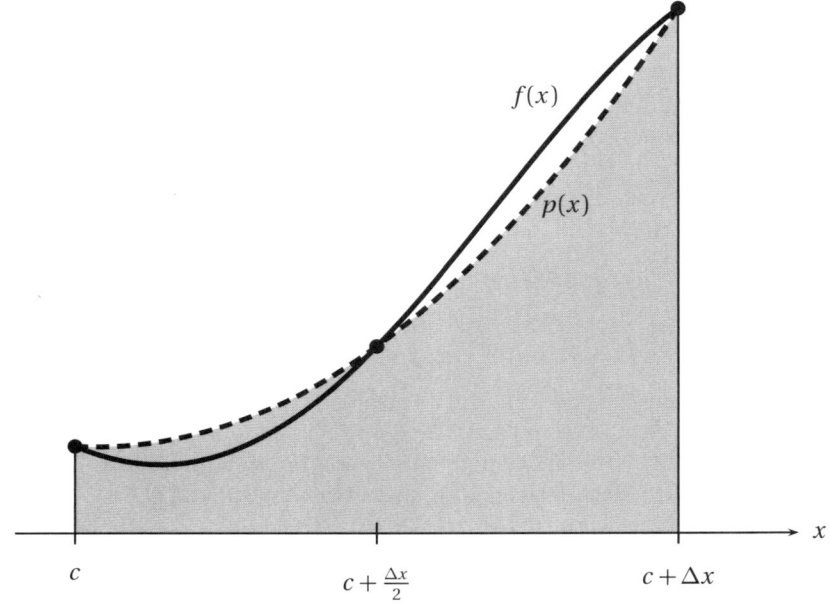

Abbildung 2.8: Angleichen einer Funktion f durch eine Parabel p.

Diese Formel nennt man **Kepler'sche Fassregel**.

Beispiel 2.24 Wir berechnen

$$\int_{-1}^{1} 2^x \, dx$$

numerisch. Hier ist $c = -1$ und $\Delta x = 2$. Mit der Fassregel gilt

$$\int_{-1}^{1} 2^x \, dx \approx \frac{2}{6} \left(2^{-1} + 4 \cdot 2^0 + 2^1 \right) = \frac{13}{6} = 2.1\overline{6}.$$

Das exakte Resultat beträgt $2.164042\ldots$, also ist die Näherung relativ gut.   □

Nun kommen wir zu *Punkt 2:* Anders als bei der Trapezregel ersetzen wir nun die zu integrierende Funktion f nicht durch eine stückweise lineare, sondern durch eine stückweise quadratische Funktion. Genauer approximieren wir f auf jedem Teilbereich a bis $a + \Delta x$, $a + \Delta x$ bis $a + 2\Delta x$, $a + 2\Delta x$ bis $a + 3\Delta x$, ..., mit $\Delta x = {}^{b-a}/n$, jeweils durch eine passende Parabel und integrieren diese wie oben. Mit Hilfe der Eigenschaft (2.10) und der Fassregel können wir diese Idee noch etwas anders formulieren. Dazu schreiben wir:

$$\int_a^b f(x)\,dx = \int_a^{a+\Delta x} f(x)\,dx + \int_{a+\Delta x}^{a+2\Delta x} f(x)\,dx + \int_{a+2\Delta x}^{a+3\Delta x} f(x)\,dx$$

$$+ \cdots + \int_{a+(n-2)\Delta x}^{a+(n-1)\Delta x} f(x)\,dx + \int_{a+(n-1)\Delta x}^{\overbrace{a+n\Delta x}^{=b}} f(x)\,dx$$

Nun approximieren wir jedes dieser Teilintegrale mit der Fassregel. Dies ergibt

$$\int_a^{a+\Delta x} f(x)\,dx \approx \frac{\Delta x}{6}\left(f(a) + 4f(a + {}^1/2\Delta x) + f(a + \Delta x)\right),$$

$$\int_{a+\Delta x}^{a+2\Delta x} f(x)\,dx \approx \frac{\Delta x}{6}\left(f(a + \Delta x) + 4f(a + {}^3/2\Delta x) + f(a + 2\Delta x)\right),$$

$$\int_{a+2\Delta x}^{a+3\Delta x} f(x)\,dx \approx \frac{\Delta x}{6}\left(f(a + 2\Delta x) + 4f(a + {}^5/2\Delta x) + f(a + 3\Delta x)\right),$$

und so weiter bis

$$\int_{a+(n-2)\Delta x}^{a+(n-1)\Delta x} f(x)\,dx$$
$$\approx \frac{\Delta x}{6}\left(f(a + (n-2)\Delta x) + 4f(a + (n - {}^3/2)\Delta x) + f(a + (n-1)\Delta x)\right),$$

$$\int_{a+(n-1)\Delta x}^{a+n\Delta x} f(x)\,dx$$
$$\approx \frac{\Delta x}{6}(f(a + (n-1)\Delta x) + 4f(a + (n - {}^1/2)\Delta x) + f(\underbrace{a + n\Delta x}_{=b})).$$

Addieren dieser Integrale und Zusammenfassen gleicher Terme führt zu:

Die Näherungsformel

$$\int_a^b f(x)\,dx$$

$$\approx \frac{\Delta x}{6}(f(a)+f(b))$$

$$+\frac{\Delta x}{3}(f(a+\Delta x)+f(a+2\Delta x)+\cdots+f(a+(n-1)\Delta x))$$

$$+\frac{2\Delta x}{3}(f(a+1/2\Delta x)+f(a+3/2\Delta x)+\cdots+f(a+(n-1/2)\Delta x))$$

heisst **Simpsonregel**. Hier ist $\Delta x = \frac{b-a}{n}$.

Beispiel 2.25 Wir berechnen das Integral aus Beispiel 2.21 mit der Simpsonregel. Wiederum setzen wir $n = 4$ und folglich $\Delta x = 1/4$. Dies liefert

$$\int_0^1 f(x)\,dx \approx \frac{1}{4}\frac{1}{6}(f(0)+f(1))+\frac{1}{4}\frac{1}{3}(f(1/4)+f(1/2)+f(3/4))$$

$$+\frac{1}{4}\frac{2}{3}(f(1/8)+f(3/8)+f(5/8)+f(7/8))$$

$$= 0.78539812561\ldots,$$

was im Vergleich zum exakten Wert $\pi/4 = 0.78539816339\ldots$ einer Approximation mit bereits 7 richtigen Nachkommastellen entspricht. □

Bemerkung 2.26 Die Literatur kennt eine Vielzahl von Methoden zur numerischen Approximation von Integralen. Die Wahl eines geeigneten Verfahrens hängt wesentlich vom Verhalten der zu integrierenden Funktion ab. In der Praxis werden oftmals adaptive numerische Verfahren eingesetzt. Diese zeichnen sich durch eine gewisse "Beweglichkeit" aus: Sie bringen die Fähigkeit mit sich, sich (zu einem gewissen Grad) automatisch an eine gegebene Situation anzupassen. Dies ist besonders dann interessant, wenn sich eine zu integrierende Funktion lokal singulär verhält. Ein Beispiel ist das bestimmte Integral

$$\int_0^1 \frac{1}{\sqrt{x}}\,dx.$$

Die Funktion $\frac{1}{\sqrt{x}}$ wird in der Nähe von $x = 0$ beliebig gross. Der Punkt $x = 0$ heisst dann *Polstelle* von f. Um eine gute numerische Näherung des obigen Intergals zu erhalten, ist die sorgfältige Wahl einer geeigneten numerischen Methode, welche sich lokal auf die Polstelle abstimmt, sehr bedeutsam. Auch andere Arten von lokalen Irregularitäten, wie beispielsweise hohe Oszillationen, erfordern genaue Aufmerksamkeit.

2.4.3 Numerische Integration mit OCTAVE

Die Berechnung von numerischen Approximationen kann – besonders wenn hohe Genauigkeit gefragt ist – sehr aufwendig sein. In der Praxis werden diese daher selten "von Hand" ausgeführt. Zudem lassen sich die meisten Funktionen (wie beispielsweise Wurzeln, Exponentialfunktionen, trigonometrische Funktionen) ohnehin nicht exakt auswerten (wir können zwar formal algebraisch $\sqrt{2}$ schreiben, in konkreten Rechnungen, zum Beispiel auf dem Taschenrechner, müssen wir aber üblicherweise mit einer Näherung $1.4142135\ldots$ in Dezimaldarstellung arbeiten).

In praktischen Anwendungen, wo numerische Berechnungen zum Alltag gehören, greift man auf geeignete Rechnerprogramme zurück. In diesem Text verwenden wir das frei verfügbare Softwarepaket OCTAVE; siehe Anhang A für eine Kurzeinführung.

Beispiel 2.27 Als erstes Beispiel betrachten wir die Integration der Funktion

$$f(x) = \frac{1}{1 + x^2}$$

über den Bereich $a = 0$ bis $b = 1$ mit $n = 10$ Trapezen; siehe Beispiel 2.21.

Zuerst definieren wir die Funktion f mit dem Befehl `inline`:

```
octave:1> f = inline('1./(x.^2+1)','x')

f =

f(x) = 1./(x.^2+1)
```

Die Division `./` und das Potenzieren `.^` enthalten hier beide einen vorgesetzten Punkt. Dieser erlaubt es, für die Variable x mehrere Werte gleichzeitig einzusetzen (siehe weiter unten).

Dann legen wir die untere und obere Integrationsgrenze a, b und die Anzahl der Trapeze n fest. Ebenso berechnen wir $\Delta x = {}^{b-a}/n$, welches wir hier mit Dx bezeichnen.

```
octave:2> a = 0

a = 0

octave:3> b = 1

b = 1

octave:4> n = 10

n = 10

octave:5> Dx = (b-a)/n

Dx = 0.10000
```

Bei der Trapezregel werten wir die zu integrierende Funktion f insbesondere bei allen Zwischenpunkten

$$a + \Delta x, \quad a + 2\Delta x, \quad a + 3\Delta x, \quad \ldots, \quad a + (n-2)\Delta x, \quad a + (n-1)\Delta x$$

aus. Diese Zwischenpunkte (hier zp genannt) lassen sich in OCTAVE leicht berechnen:

```
octave:6> zp = (a+Dx):Dx:(b-Dx)

zp =

  0.10000  0.20000  0.30000  0.40000  0.50000  0.60000
  0.70000  0.80000  0.90000
```

Das Kommando y1:y2:y3 erzeugt eine Liste von Zahlen, bei der, startend mit der Zahl y1, jeder Eintrag jeweils um y2 erhöht wird und (spätestens) bei y3 endet. Die Funktion f kann jetzt bei diesen Werten berechnet werden mittels f(zp). Dies ergibt wiederum eine Liste; ihre Einträge sind die Funktionswerte bei den Zwischenpunkten zp. Diese Einträge werden mit dem Befehl sum addiert. Die Trapezregel (2.19) wird dann wie folgt implementiert:

```
octave:7> F = Dx/2*(f(a)+f(b)) + Dx*sum(f(zp))
```

```
F = 0.78498
```

Mit dem Befehl `format long` können mehr Stellen angezeigt werden.

```
octave:8> format long
```

```
octave:9> F
```

```
F =   0.784981497226790
```

In OCTAVE sind bereits einige numerische Integrationsverfahren vordefiniert. Dazu gehört auch die Trapezregel, welche sich mit dem Befehl `trapz` wie folgt aufrufen lässt:

```
octave:10> trapz(zp,f(zp))
```

```
ans =   0.784981497226790
```

Das erste Argument von `trapz` sind wiederum die Zwischenpunkte `zp`, das zweite Argument bilden die Funktionswerte `f(zp)` bei den Zwischenpunkten. □

2.5 Übungsaufgaben

2.1 Berechnen Sie das bestimmte Integral

$$\int_a^b x \, \mathrm{d}x$$

durch eine geometrische Überlegung. Berechnen Sie weiter das bestimmte Integral

$$\int_a^b x^3 \, \mathrm{d}x$$

mit Hilfe einer Riemann-Summe (mit gleichmässigen Abständen $\Delta x = {}^{b-a}/n$) und der Formel

$$\sum_{j=1}^n j^3 = \frac{1}{4} n^2 (n+1)^2. \tag{2.28}$$

2.2 Es seien $s > 1$ eine beliebige reelle und $n \geq 1$ eine natürliche Zahl.

(a) Zeigen Sie, dass

$$\int_1^{n+1} \frac{1}{x^s}\,dx \leq \sum_{k=1}^n \frac{1}{k^s} \leq 1 + \int_1^n \frac{1}{x^s}\,dx$$

gilt.

(b) Für welche Werte von $s > 1$ existiert der Grenzwert

$$\lim_{n\to\infty} \int_1^n \frac{1}{x^s}\,dx\,?$$

(c) Für welche Werte von $s > 1$ konvergiert die Reihe

$$\sum_{k=1}^\infty \frac{1}{k^s}\,?$$

2.3 Es seien f, g zwei *beliebige* Funktionen auf einem Definitionsbereich $a \leq x \leq b$.

(a) Zeigen Sie, dass die Ungleichung

$$\int_a^b |f(x)+g(x)|\,dx \leq \int_a^b |f(x)|\,dx + \int_a^b |g(x)|\,dx$$

gilt.

(b) Beweisen Sie die sogenannte Cauchy-Schwarz-Ungleichung

$$\left| \int_a^b f(x)g(x)\,dx \right| \leq \sqrt{\int_a^b f(x)^2\,dx} \sqrt{\int_a^b g(x)^2\,dx}.$$

Hierbei nehmen wir an, dass die Integrale auf der rechten Seite existieren. *Anleitung:* Zunächst benutzt man, dass

$$0 \leq \int_a^b (f(x) - \alpha g(x))^2\,dx$$

für jede beliebige Konstante α. Nun wählen wir α so, dass das Integral minimalen Wert hat.

2.4 Die beiden Graphen der Funktionen

$$f(x) = 3x \qquad \text{und} \qquad g(x) = x^2 + 2$$

schliessen eine gemeinsame Fläche ein. Erstellen Sie eine Skizze und bestimmen Sie den eingeschlossenen Flächeninhalt.

2.5 Berechnen Sie die folgenden Integrale mit Hilfe von geometrischen Überlegungen und bereits bekannten Formeln:

(a) $\displaystyle\int_{-1}^{1} \sqrt{1 - x^2}\,\mathrm{d}x$ \qquad (b) $\displaystyle\int_{0}^{1} \sqrt{1 - x^2}\,\mathrm{d}x$ \qquad (c) $\displaystyle\int_{0}^{1/2} \sqrt{1 - x^2}\,\mathrm{d}x$

2.6 Eine Feder wird um eine Distanz x aus der Ruhelage ausgedehnt. Ist die Distanz x nicht allzu gross, so besagt das Federgesetz nach Hooke, dass die Kraft F, die benötigt wird, um die ausgezogene Feder in dieser Position zu halten, gegeben ist durch

$$F = kx.$$

Hier ist k eine Materialkonstante (Federkonstante). Wie viel Arbeit wird benötigt, um eine Feder aus der Ruhelage um eine Distanz d auszudehnen?

2.7 Ein Massenpunkt bewegt sich entlang der Zahlengeraden. Seine Geschwindigkeit zum Zeitpunkt t ist gegeben durch

$$v(t) = 2t^2 - 3t + 1.$$

(a) Wie gross ist die *Positionsdifferenz* des Massenpunktes zwischen dem Zeitpunkt $t = 0$ und $t = 5$?
Hinweis: Wie viel Weg legt das Teilchen während kleinen Zeitschritten Δt zurück? Wie viel Weg hat es nach einer Zeit $\Delta t, 2\Delta t, 3\Delta t, \dots$ bestritten?

(b) Wie viel *Weg* legt der Massenpunkt in der Zeit zwischen $t = 0$ und $t = 5$ zurück?

2.8 Ein Kreis mit Radius r hat bekanntlich den Umfang $U(r) = 2\pi r$. Für ein $R > 0$ und eine natürliche Zahl n definieren wir $\Delta r = R/n$ und die Riemann-Summe

$$A_n = \Delta r \sum_{j=1}^{n} U(j\Delta r).$$

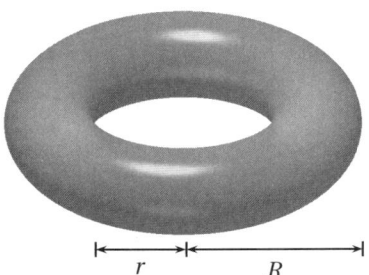

$\vdash\!\!-\!\!\mskip1mu r\mskip1mu\!\!-\!\!\dashv\!\!\vdash\!\!-\!\!\mskip1mu\ \ R\ \ \mskip1mu\!\!-\!\!\dashv$

Abbildung 2.9: Torus.

(a) Interpretieren Sie diese Summe geometrisch.

(b) Berechnen Sie $\lim_{n\to\infty} A_n$ und kommentieren Sie das Resultat.

2.9 Eine Kugel mit Radius R hat eine Dichte $\rho(r) = R^2 - r^2$, welche vom Abstand r zum Mittelpunkt abhängt. Wie gross ist ihre Masse?

2.10 Verwenden Sie die Formel für das Rotationsvolumen, um das Volumen

   (a) eines Kreiskegels mit Radius R und Höhe h,

   (b) eines Torus ("Donut") mit Innenradius r und Aussenradius R (siehe Abbildung 2.9)

zu berechnen.

2.11 Wir betrachten eine Kugel mit Radius R. Von der Kugel wird ein "Deckel" mit Höhe h abgetrennt; siehe Abbildung 2.10. Wie gross ist das Volumen des Deckels? Was erhalten Sie im Spezialfall $h = 2R$?

2.12 Wie viel potenzielle Energie beinhaltet ein kreisförmiger Zylinder mit Grundfläche A und Höhe H? Nehmen Sie an, dass der Zylinder aus einem homogenen Material mit Dichte ρ besteht.

2.13 Leiten Sie eine Formel zur Berechnung der Oberfläche eines Rotationskörpers her. Wenden Sie die Formel an, um die Oberfläche einer Kugel zu berechnen.

2.14 (a) Prüfen Sie nach, dass die Parabelfunktion p in (2.22) mit der Funktion f in den drei Punkten c, $c + \frac{1}{2}\Delta x$, $c + \Delta x$ exakt übereinstimmt.

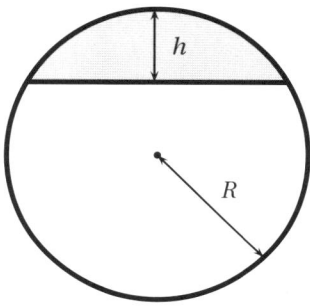

Abbildung 2.10: Kugeldeckel.

(b) Integrieren Sie p im Bereich von c bis $c + \Delta x$ und verifizieren Sie so die Formel (2.23).

2.15 Die Simpsonregel zeigt üblicherweise höhere Genauigkeit in der numerischen Berechnung von bestimmten Integralen als die Trapezregel. Das ist aber nicht immer so.

(a) Berechnen Sie das bestimmte Integral

$$\int_0^b x^3 \, \mathrm{d}x$$

mit

    (i) der Trapezregel,   (ii) der Simpsonregel,

jeweils mit $\Delta x = b$. Was beobachten Sie? Was ist überraschend?

(b) Berechnen Sie die exakten Fehler der Approximationen von

$$\int_0^1 x^4 \, \mathrm{d}x \quad \text{und} \quad \int_0^1 x^5 \, \mathrm{d}x,$$

welche sich beim Anwenden der Trapez- und Simpsonregel mit $\Delta x = 1$ ergeben (von Hand).

(i) Finden Sie damit den Wert der Konstanten α, für welchen die Trapezregel das korrekte Resultat von

$$\int_0^1 \left(x^5 - \alpha x^4\right) dx$$

liefert.

(ii) Für welchen Bereich von α liefert die Trapezregel im gegebenen Beispiel genauere Resultate als die Simpsonregel?

2.16 Betrachten Sie das Integral

$$I = \int_0^1 x^3 dx.$$

Es sei $\widetilde{I}$ die Approximation mit der Trapezregel mit $\Delta x = 1/n$ für ein $n \geq 2$.

(a) Finden Sie den Wert von $\widetilde{I}$ in Abhängigkeit von Δx. Benützen Sie die Identität (2.28).

(b) Finden Sie Konstanten m in $\mathbb{N}$ und c_m in $\mathbb{R}$, $c_m > 0$, so dass

$$\widetilde{I} - I = c_m (\Delta x)^m.$$

(c) Wie muss Δx gewählt werden, um I mit einem (absoluten) Fehler von maximal $0.5 \cdot 10^{-10}$ (10 Stellen genau) zu approximieren?

2.17 Für gewisse spezielle Integrale konvergiert die Trapezregel aussergewöhnlich rasch, nämlich *exponentiell schnell*. Dies bedeutet, dass der Fehler zwischen

$$\int_a^b f(x) dx$$

und der Approximation mit der Trapezregel von der Form $C e^{-\gamma/h}$ ist, für bestimmte Konstanten $C, \gamma > 0$. Ein Beispiel ist das *elliptische Integral*

$$I = \int_0^{2\pi} \sqrt{\frac{1}{2}(A^2 + B^2) - \frac{1}{2}(A^2 - B^2)\cos(\varphi)}\, d\varphi,$$

welches dem Umfang einer Ellipse mit Halbachsen A und B entspricht. Berechnen Sie I mit OCTAVE für $A = 2$, $B = 1$ mit Hilfe der Trapezregel mit (a) $\Delta x = \pi/3$ und (b) $\Delta x = \pi/6$. Wie viele Stellen der numerischen Näherungen sind ungefähr exakt?

2.18 Eine weitere Methode, bestimmte Integrale numerisch zu berechnen, ist die Klasse der "Gaussquadraturverfahren". Angenommen, es gilt, das Integral

$$\int_{-1}^{1} f(x)\,dx$$

zu berechnen. Die Idee ist es nun, eine Formel der Form

$$\int_{-1}^{1} f(x)\,dx \approx w_1 f(x_1) + w_2 f(x_2)$$

zu verwenden. Hier sollen die (noch unbekannten) Zahlen w_1, w_2, x_1, x_2 so gewählt werden, dass die Näherung möglichst gut ist. Dafür gibt es verschiedene Möglichkeiten. Bei der Gaussquadratur werden diese Zahlen so bestimmt, dass die obige Formel für die Funktionen

$$f(x) = 1, \quad f(x) = x, \quad f(x) = x^2, \quad f(x) = x^3$$

exakt erfüllt ist.

(a) Ermitteln Sie die gesuchten Zahlen in der obigen Gaussquadraturformel. *Hinweis:* Die Situation vereinfacht sich wesentlich durch das Anwenden von Symmetrien.

(b) Berechnen Sie das bestimmte Integral

$$\int_{-1}^{1} (x^3 - 4x^2 + 2x - 5)\,dx$$

mit der Gaussquadraturformel aus (a) sowie von Hand. Was fällt auf? Wie können Sie diese Beobachtung erklären, und was folgt daraus?

(c) Finden Sie einen Näherungswert für das Integral

$$\int_{-1}^{1} \frac{1}{2+x}\,dx$$

mit Hilfe der Quadraturformel aus (a). Man kann zeigen, dass der exakte Wert dieses Integrals gleich $\ln(3) = 1.0986122\ldots$ beträgt. Wie gross ist die Abweichung zur numerischen Lösung?

2.19 Es sei f eine Funktion in einem Definitionsbereich $a \leq x \leq b$.

   (a) Entwickeln Sie eine einfache numerische Methode zur näherungsweisen Berechnung der Länge des Funktionsgraphen von f im Bereich $a \leq x \leq b$.

   (b) Benutzen Sie das Verfahren aus (a), um die Länge des Parabelbogens $f(x) = x^2$ im Bereich $0 \leq x \leq 1$ numerisch zu berechnen (die exakte Länge ist $\sqrt{5}/2 + 1/4 \ln(2 + \sqrt{5}) = 1.478942857544\ldots$).

   (c) Benutzen Sie das Verfahren aus (a), um die Länge des Kreisbogens $f(x) = \sqrt{1 - x^2}$ im Bereich $-1 \leq x \leq 1$ zu ungefähr zu berechnen.

Kapitel 3

Differentialrechnung

3.1 Begriff der Ableitung

Beispiel 3.1 Ein Partikel bewegt sich entlang der Zahlengeraden. Es befindet sich zur Zeit t an der Position

$$x(t) = \frac{1}{3}t^2.$$

Wie gross ist seine Geschwindigkeit v?

Lösung: Zunächst stellen wir fest, dass sich das Teilchen *nicht gleichförmig* bewegt, denn es gilt

$$x(0) = 0, \qquad x(1) = \frac{1}{3}, \qquad x(2) = \frac{4}{3}.$$

Grafisch dargestellt:

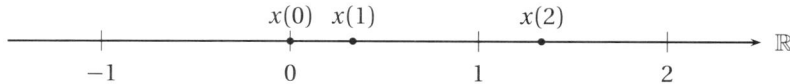

Somit hat es in der Zeit zwischen $t = 0$ und $t = 1$ eine Strecke der Länge $1/3$ zurückgelegt, während es in der gleich langen Zeit zwischen $t = 1$ und $t = 2$ einen dreimal längeren Weg der Länge 1 hinter sich gelassen hat. Die Geschwindigkeit kann hier somit nicht konstant sein, sondern ist abhängig vom Zeitpunkt t. Wie gross ist sie beim Zeitpunkt $t = 2$?

Die Geschwindigkeit ist ein Mass dafür, welche Positions*veränderung* ein Teilchen während einer gewissen Zeit durchmacht, oder, anders ausgedrückt, wie schnell sich seine momentane Position *verändert*. Messen wir daher den Weg, den das Partikel vom Zeitpunkt $t = 2$ bis zu einem Zeitpunkt $t = 2 + \Delta t$, wo $\Delta t > 0$ eine kleine Zeitspanne bezeichnet, zurücklegt. Dieser ist gegeben durch:

$$\Delta x = x(2 + \Delta t) - x(2).$$

Die Geschwindigkeit des Teilchens zum Zeitpunkt $t = 2$ beträgt dann näherungsweise

$$v(2) \approx \frac{\Delta x}{\Delta t} = \frac{x(2 + \Delta t) - x(2)}{\Delta t}.$$

Hier verwenden wir das Zeichen "$\approx$", da wir eigentlich nicht die Geschwindigkeit zum Zeitpunkt $t = 2$ berechnen, sondern die *durchschnittliche* Geschwindigkeit im Zeitraum von $t = 2$ bis $t = 2 + \Delta t$ betrachten. Wir erhalten:

$$v(2) \approx \frac{^1/_3(2 + \Delta t)^2 - ^1/_3 \cdot 2^2}{\Delta t} = \frac{1}{3\Delta t}(4\Delta t + \Delta t^2) = \frac{1}{3}(4 + \Delta t).$$

Die Durchschnittsgeschwindigkeit, die wir berechnet haben, nähert sich immer mehr der exakten Geschwindigkeit zum Zeitpunkt $t = 2$ an, je kleiner Δt ist. In einer Formel ausgedrückt, bedeutet dies:

$$v(2) = \lim_{\Delta t \to 0} \left[\frac{1}{3}(4 + \Delta t) \right] = \frac{4}{3}.$$

Dies ist die Geschwindigkeit des Partikels zum Zeitpunkt $t = 2$.

Mit dem gleichen Verfahren können wir die Geschwindigkeit v des Teilchens zu einem beliebigen Zeitpunkt t_0 ausfindig machen. Mit

$$\Delta x = x(t_0 + \Delta t) - x(t_0)$$

gilt, dass

$$v(t_0) \approx \frac{\Delta x}{\Delta t} = \frac{x(t_0 + \Delta t) - x(t_0)}{\Delta t}.$$

Mit $\Delta t \to 0$ erhalten wir

$$v(t_0) = \lim_{\Delta t \to 0} \frac{x(t_0 + \Delta t) - x(t_0)}{\Delta t} = \lim_{\Delta t \to 0} \frac{^1/_3(t_0 + \Delta t)^2 - ^1/_3 t_0^2}{\Delta t}$$

$$= \lim_{\Delta t \to 0} \frac{\frac{1}{3}(2t_0\Delta t + \Delta t^2)}{\Delta t} = \lim_{\Delta t \to 0} \frac{1}{3}(2t_0 + \Delta t) = \frac{2}{3}t_0.$$

Wir sehen, dass die Geschwindigkeit hier abhängig vom Zeitpunkt t_0 ist, d. h., sie ist eine Funktion der Zeitvariablen. $\qquad\qquad\qquad\qquad\qquad\qquad\qquad\qquad\qquad\square$

Beispiel 3.2 Die barometrische Höhenformel

$$p(h) = p_0 \exp\left(-\frac{\rho_0 g h}{p_0}\right) \tag{3.3}$$

berechnet den Druck p in einer idealisierten Atmosphäre in Abhängigkeit von der Höhe h über dem Meeresspiegel. Hier sind $p_0 \approx 1.013$ bar $= 1.013 \times 10^5$ N/m² der Luftdruck, $\rho_0 \approx 1.29$ kg/m³ die Luftdichte auf Meereshöhe (unter Normalbedingungen und Temperatur 0 °C) und $g = 9.81$ m/s² steht für die Erdbeschleunigung. Wie stark ändert sich der Luftdruck im Höhenbereich von 200 m bis 300 m? Mit $h = 200$ m und $\Delta h = 100$ m gilt

$$p(h + \Delta h) - p(h) = p(300 \text{ m}) - p(200 \text{ m})$$
$$= p_0\left(\exp\left(-\frac{\rho_0 g(h + \Delta h)}{p_0}\right) - \exp\left(-\frac{\rho_0 g h}{p_0}\right)\right)$$
$$\approx -0.012266 \text{ bar.}$$

Die Veränderung ist negativ, da der Druck mit zunehmender Höhe abnimmt. Wie gross ist die *durchschnittliche Veränderung pro Höhenmeter* im betrachteten Bereich? Diese berechnet sich als

$$\frac{\Delta p}{\Delta h} = \frac{p(h + \Delta h) - p(h)}{\Delta h} \approx \frac{-0.012266 \text{ bar}}{100 \text{ m}} = -0.00012266 \text{ bar/m.} \tag{3.4}$$

□

Die obigen Beispiele führen zu folgenden Definitionen:

Gegeben sei eine Funktion $f = f(x)$, welche wir in der Nähe eines Punktes x_0 betrachten. Die Funktion ändert sich zwischen dem Punkt x_0 und dem Punkt $x_0 + \Delta x$, wobei $\Delta x > 0$ eine Veränderung in x darstellt, um den (absoluten) Wert

$$\Delta f = f(x_0 + \Delta x) - f(x_0).$$

Die *durchschnittliche* Veränderung (*pro Längeneinheit* auf der x-Achse) der Funktion f im Bereich von x_0 bis $x_0 + \Delta x$ beträgt dann

$$\frac{\Delta f}{\Delta x} = \frac{f(x_0 + \Delta x) - f(x_0)}{\Delta x}. \tag{3.5}$$

Diese Grösse nennen wir **Differenzenquotienten** von f.

Falls der Grenzwert des Differenzenquotienten für $\Delta x \to 0$ existiert, dann nennen wir ihn **Ableitung** von f bei x_0. Die Funktion f heisst in diesem Fall **differenzierbar** beim Punkt x_0. Wir benutzen folgende Notation:

$$f'(x_0) = \frac{\mathrm{d}f}{\mathrm{d}x}(x_0) = \lim_{\Delta x \to 0} \frac{\Delta f}{\Delta x} = \lim_{\Delta x \to 0} \frac{f(x_0 + \Delta x) - f(x_0)}{\Delta x}. \tag{3.6}$$

Die Ableitung ist ein Mass für die *momentane oder lokale Veränderung* der Funktion f beim Punkt x_0.

Wir sagen, dass die Funktion f in einem Bereich von a bis b, wobei $a < b$, differenzierbar ist, falls sie in *jedem* Punkt x_0 mit $a < x_0 < b$ differenzierbar ist.

Beispiel 3.7 Wie gross ist die *lokale Druckänderung* in der Atmosphäre auf einer Höhe $h = 200$ m? Wir verwenden die barometrische Höhenformel aus Beispiel 3.2 und berechnen den Differenzenquotienten (3.4) für $h = 200$ m und $\Delta h \to 0$ m in der folgenden Tabelle:

Δh	$\frac{\Delta p}{\Delta h} = \frac{p(h+\Delta h)-p(h)}{\Delta h}$
100 m	-0.00012266 bar/m
10 m	-0.00012335 bar/m
1 m	-0.00012342 bar/m
0.1 m	-0.00012343 bar/m

Unsere numerische Rechnung zeigt, dass der Differenzenquotient bei $h = 200$ m gegen einen Wert von $-0.00012343\ldots$ bar/m strebt. Der exakte Wert ergibt sich aus der Ableitung von p bei $h = 200$ m, welche man berechnen kann als (siehe Beispiel 3.11 später in diesem Kapitel)

$$p'(h) = \frac{\mathrm{d}p}{\mathrm{d}h}(h) = \lim_{\Delta h \to 0} \frac{\Delta p}{\Delta h} = -\rho_0 g \exp\left(-\frac{\rho_0 g h}{p_0}\right). \tag{3.8}$$

Damit ist
$$p'(200\ \mathrm{m}) = -0.0001234263\ldots \text{ bar/m},$$

was der obigen Näherung recht genau entspricht.   □

	Funktion $f(x)$	Ableitung $f'(x)$
Konstante Funktion	c (konstant)	0
Potenzfunktionen	x^s ($s \neq 0$ konstant)	sx^{s-1}
Exponentialfunktionen	e^x ($e = $ Eulerzahl, siehe (1.13))	e^x
	a^x (a konstant)	$\ln(a)a^x$
Logarithmusfunktionen	$\ln(x)$	$\frac{1}{x}$
	$\log_a(x)$	$\frac{1}{x\ln(a)}$
Trigonometrische Funktionen	$\sin(x)$	$\cos(x)$
	$\cos(x)$	$-\sin(x)$
	$\tan(x)$	$\tan(x)^2 + 1$

Tabelle 3.1: Ableitung der wichtigsten Funktionen. Die Funktionen $\log_a$ und $\ln$ stehen für den Logarithmus zu einer (gegebenen) Basis a und für den natürlichen Logarithmus (Logarithmus zur Basis e). Trigonometrische Funktionen werden im Zusammenhang mit der Integrations- und Differentialrechnung immer im *Bogenmass* betrachtet; im Gegensatz zum Gradmass beträgt hier der Vollkreiswinkel nicht $360°$, sondern 2π.

3.2 Ableitungsregeln

Die Differentialrechnung kennt einige generische Regeln, welche das Berechnen von Ableitungen wesentlich vereinfachen. Insbesondere wird man in der Praxis Ableitungen üblicherweise nicht explizit über die Grenzwertbildung des entsprechenden Differenzenquotienten betimmen müssen, sondern durch formale Termbehandlungen bestimmen können. Wir präsentieren die wichtigsten Regeln (ohne Herleitung) in diesem Abschnitt. Ausserdem fassen wir die Ableitungen der wichtigsten Funktionen in Tabelle 3.1 zusammen.

Summenregel und Multiplikation mit einer Konstanten: Die Summenregel besagt, dass beim Ableiten einer Summe (oder einer Differenz) von Funktionen jede Funktion für sich abgeleitet werden darf, d. h. für zwei Funktionen f und g gilt:

$$[f(x) + g(x)]' = f'(x) + g'(x).$$

Wird eine Funktion f mit einer Konstanten c multipliziert, so hat die Ableitung denselben Faktor:

$$[c \cdot f(x)]' = c \cdot f'(x).$$

Diese beiden Eigenschaften der Ableitung bezeichnen wir, ähnlich wie bei den Integrationsregeln (2.8) und (2.9), als **Linearität der Ableitung**.

Beispiel 3.9 Wir leiten das Polynom

$$f(x) = 4x^3 - 2x^2 - 4x + 7$$

ab. Dazu verwenden wir zunächst die Linearität der Ableitung:

$$\begin{aligned} f'(x) &= \left[4x^3 - 2x^2 - 4x + 7\right]' \\ &= \left[4x^3\right]' + \left[-2x^2\right]' + [-4x]' + [7]' \\ &= 4\left[x^3\right]' - 2\left[x^2\right]' - 4[x]' + 7[1]' \end{aligned}$$

Die einzelnen Terme werden nun mit den Regeln für die Potenzfunktionen und die konstante Funktion aus Tabelle 3.1 abgeleitet:

$$\left[x^3\right]' = 3x^2, \quad \left[x^2\right]' = 2x, \quad [x]' = \left[x^1\right]' = x^0 = 1, \quad [1]' = 0.$$

Damit ist die Ableitung von f durch

$$f'(x) = 12x^2 - 4x - 4$$

gegeben. □

Produkt- und Quotientenregel: Ein Produkt oder eine Division von zwei Funktionen f und g wird wie folgt differenziert:

$$[f(x) \cdot g(x)]' = f'(x) \cdot g(x) + f(x) \cdot g'(x)$$

und

$$\left[\frac{f(x)}{g(x)}\right]' = \frac{f'(x) \cdot g(x) - f(x) \cdot g'(x)}{g(x)^2}.$$

Kettenregel: Bei der Kettenregel geht es darum, eine "zusammengesetzte" Funktion abzuleiten, wo f eine Funktion einer anderen Funktion g ist:

$$[f(g(x))]' = f'(g(x)) \cdot g'(x). \tag{3.10}$$

Beispiel 3.11 Wir berechnen die Ableitung der Druckfunktion p aus der barometrischen Höhenformel (3.3),

$$p(h) = p_0 \exp\left(-\frac{\rho_0 g h}{p_0}\right).$$

Zunächst erkennen wir, dass die Exponentialfunktion mit einer Konstanten, nämlich mit p_0, multipliziert wird. Deshalb gilt mit Hilfe der Linearität der Ableitung:

$$p'(h) = \left[p_0 \exp\left(-\frac{\rho_0 g h}{p_0}\right)\right]' = p_0 \left[\exp\left(-\frac{\rho_0 g h}{p_0}\right)\right]'.$$

Die Funktion in den eckigen Klammern ist eine zusammengesetzte Funktion:

$$\exp\left(-\frac{\rho_0 g h}{p_0}\right) = f(g(h)),$$

mit

$$f(x) = \exp(x), \qquad \text{wo} \quad x = g(h) = -\frac{\rho_0 g h}{p_0}.$$

Mit der Kettenregel berechnen wir

$$\left[\exp\left(-\frac{\rho_0 g h}{p_0}\right)\right]' = [f(g(h))]' = f'(g(h))g'(h),$$

wobei

$$f'(x) = [e^x]' = e^x = e^{g(h)} = \exp\left(-\frac{\rho_0 g h}{p_0}\right),$$

d. h.

$$\left[\exp\left(-\frac{\rho_0 g h}{p_0}\right)\right]' = \exp\left(-\frac{\rho_0 g h}{p_0}\right) g'(h).$$

Die Funktion g ist eine Potenzfunktion (mit $s = 1$, siehe Tabelle 3.1) mit einem konstanten Faktor. Daher,

$$g'(h) = -\frac{\rho_0 g}{p_0}.$$

Zusammengefasst erhalten wir

$$p'(h) = p_0 \exp\left(-\frac{\rho_0 g h}{p_0}\right)\left(-\frac{\rho_0 g}{p_0}\right) = -\rho_0 g \exp\left(-\frac{\rho_0 g h}{p_0}\right),$$

was in (3.8) bereits verwendet wurde.   □

Bemerkung 3.12 Es ist wichtig zu kommentieren, dass der Ableitungsbegriff zwei verschiedene Aspekte beinhaltet. Auf der einen Seite haben Ableitungen einen rein *syntaktischen* Charakter, d. h., sie lassen sich – wie in diesem Abschnitt gezeigt – formal mit Hilfe von einigen Grundregeln berechnen (sogar ohne explizite Grenzwertbildung). Diese Regeln lassen sich heute im Rahmen von Computeralgebrasystemen (CAS) implementieren. Auf der anderen Seite spielen Ableitungen beim *Modellieren* in anwendungsbezogenen Problemstellungen eine wichtige Rolle. Hier reicht die syntaktische Sichtweise nicht aus. Um Ableitungen als Mass für die Veränderung von realen Grössen innerhalb einer praktischen Situation anzuwenden, sind geeignete Interpretationen nötig. Dieser Aspekt erfordert ein *semantisches* Verständnis des Ableitungsbegriffs.

3.3   Extremalrechnung

Beispiel 3.13 Ein Partikel wird vom Boden aus mit einer Startgeschwindigkeit $v_0 = 4\text{m/s}$ (Zeitpunkt $t = 0$) senkrecht in die Höhe geworfen. Die Höhe h des Partikels, also sein Abstand vom Boden zur Zeit t ist gegeben durch

$$h(t) = v_0 t - \frac{1}{2} g t^2. \tag{3.14}$$

Hier ist $g = 9.81\text{m/s}^2$ die Erdbeschleunigung. Wir werden diese Formel später herleiten; siehe Kapitel 5. Die Geschwindigkeit des Partikels ist, wie in Beispiel 3.1 gezeigt, die Ableitung der Positionsfunktion:

$$v(t) = h'(t) = v_0 - g t. \tag{3.15}$$

Wann erreicht das Partikel seine maximale Höhe? Wir versuchen, diese Frage zunächst mit einer Wertetabelle zu beantworten:

Zeit t [s]	Höhe $h(t)$ [m]	Geschwindigkeit $v(t)$ [m/s]
0.0	0.000	4.000
0.1	0.351	3.019
0.2	0.604	2.038
0.3	0.759	1.057
0.4	0.815	0.076
0.5	0.774	−0.905
0.6	0.634	−1.886
0.7	0.397	−2.867

Wir stellen fest:

1. Die Höhe h nimmt bis zum Zeitpunkt $t = 0.4$ zu. Bei $t = 0.5$ hat sie sich wieder verringert. Das Teilchen hat also zwischen diesen beiden Zeitpunkten die maximale Höhe erreicht und ist danach wieder umgekehrt.

2. Diese Beobachtung drückt sich auch in der Geschwindigkeit aus. Während diese bis zum Zeitpunkt $t = 0.4$ positiv ist, wird sie anschliessend negativ. Dies bedeutet, dass das Teilchen seine Richtung wechselt.

3. Aus der Tatsache, dass die Geschwindigkeit vor dem Richtungswechsel positiv und nach dem Richtungswechsel negativ ist, folgt, dass sie zum Zeitpunkt des Richtungswechsels gleich null sein muss.

Somit können wir die ursprüngliche Frage beantworten. Beim gesuchten Zeitpunkt, nennen wir ihn t_m, zu welchem das Teilchen seine maximale Höhe erreicht (also einen Richtungswechsel erfährt), ist seine Geschwindigkeit gleich null. Dies führt auf die Gleichung:

$$v(t_m) = 0.$$

Da $v(t) = h'(t)$ lässt sich dies auch wie folgt ausdrücken:

$$h'(t_m) = 0.$$

Somit

$$0 = h'(t_m) = v_0 - g\,t_m,$$

d. h.

$$t_m = \frac{v_0}{g} = \frac{4}{9.81}\,\text{s} = 0.408\,\text{s}.$$

□

Allgemein gilt:

Hat eine Funktion $f = f(x)$, die auf einem Definitionsbereich $a < x < b$ differenzierbar ist, ein Maximum oder ein Minimum x_m mit $a < x_m < b$, dann gilt

$$f'(x_m) = 0.$$

Bemerkung 3.16

(a) Die Umkehrung der obigen Aussage gilt nicht notwendigerweise. Beispielsweise gilt für die Funktion $f(x) = x^3$ auf dem Definitionsbereich $-1 \leq x \leq 1$, dass $f'(0) = 0$ (denn $f'(x) = 3x^2$), jedoch hat die Funktion bei $x = 0$ weder ein Maximum noch ein Minimum.

(b) Es ist zu beachten, dass das Extremum x_m *strikt* im Definitionsbereich liegen muss (d. h. strikt zwischen a und b), damit $f'(x_m) = 0$ gefolgert werden kann. In Abbildung 3.1 zeigen wir den Graphen der Funktion $g(x) = 1/3(x^2 + x + 1)$ auf dem vorgegebenen Definitionsbereich $0 \leq x \leq 1$. Wir stellen fest, dass sie bei $x = 0$ und $x = 1$ ein Minimum respektive ein Maximum besitzt. Die Ableitung ist aber dort nicht gleich null (denn $g'(x) = 2/3x + 1/3$ und deshalb $g'(0) = 1/3 \neq 0$, $g'(1) = 1 \neq 0$). Die Punkte $x = 0$ und $x = 1$ heissen in diesem Fall **Randextremalstellen**.

Beispiel 3.17 Bei einem Experiment gibt es zwei verschiedene mögliche Ergebnisse. Das eine tritt mit Wahrscheinlichkeit p und das andere mit Wahrscheinlichkeit $1 - p$ auf. Man definiert die zugehörige *Entropie* dieses Versuchs als

$$H(p) = -p \ln(p) - (1 - p) \ln(1 - p). \tag{3.18}$$

Hier steht ln für die natürliche Logarithmusfunktion. Die Grösse H ist ein Mass für den Informationsgehalt der Versuchsergebnisse. Ist eines der Ergebnisse sehr unwahrscheinlich, so wird man meistens das andere als Versuchsausgang erwarten. Die Entropie ist dann klein. Sind beide Ergebnisse etwa gleich wahrscheinlich, so ist das Ergebnis wesentlich unsicherer. Die Entropie ist dann gross. Für welches p ist die Entropie am grössten?

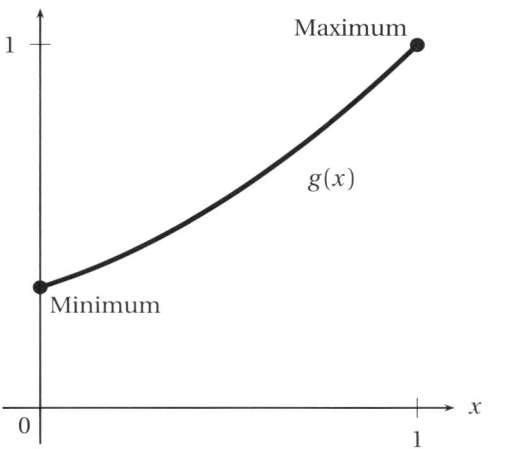

Abbildung 3.1: Graph der Funktion $g(x) = \frac{1}{3}(x^2 + x + 1)$ und Randextremalstellen.

Lösung: Wir berechnen die Ableitung von H und suchen die Stelle, wo sie gleich null ist. Eine Rechnung zeigt:

$$H'(p) = -\ln(p) + \ln(1 - p).$$

Umformen mit Hilfe der Logarithmusregel $\ln(x) - \ln(y) = \ln(x/y)$, ergibt:

$$H'(p) = \ln\left(\frac{1-p}{p}\right).$$

Um die Extremalpunkte der Entropiefunktion ausfindig zu machen, lösen wir die Gleichung:

$$0 = H'(p) = \ln\left(\frac{1-p}{p}\right).$$

Sie ist genau dann erfüllt, wenn

$$\frac{1-p}{p} = 1,$$

d. h.

$$1 - p = p$$

und daher $p = \frac{1}{2}$. Ist dies eine Extremalstelle von H? Die grafische Darstellung in Abbildung 3.2 schafft Klarheit: Die Funktion H ist bei $p = \frac{1}{2}$ maximal. □

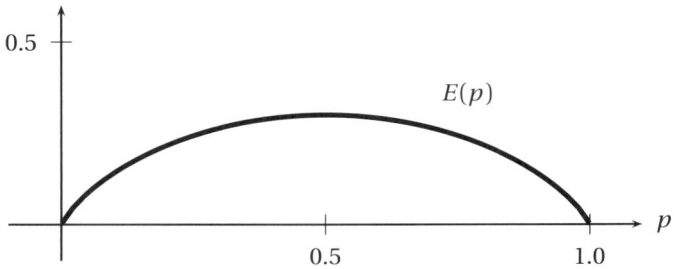

Abbildung 3.2: Entropiefunktion E aus (3.18).

In vielen Anwendungen ist aus dem Zusammenhang klar, ob Nullstellen der ersten Ableitung Extremalpunkte darstellen und ob diese Maximum- oder Minimumstellen sind. Es kann aber auch vorkommen, dass eine entsprechende Klassifikation nicht a priori offensichtlich ist und eine mathematische Untersuchung nötig wird. Wir wollen im Folgenden der Frage nachgehen: Wie lässt sich herausfinden, ob Nullstellen der Ableitung tatsächlich Extremalstellen sind, und wie lässt sich der Unterschied zwischen einem Maximum und einem Minimum feststellen?

Wir betrachten noch einmal das Beispiel 3.13 mit dem senkrechten Wurf eines Teilchens. Weshalb erreicht es ein Höhenmaximum und fliegt nicht unendlich weit nach oben? Weil es durch die Erdbeschleunigung abgebremst und zur Umkehr bewegt wird. Vor dem Richtungswechsel ist die Beschleunigung also der Bewegung *entgegengesetzt*. Diese Bedingung ist notwendig, damit es überhaupt zum Richtungswechsel kommt. In unserem Fall ist die Bewegungsrichtung vor der Wende positiv, da die Höhe zunimmt. Da die Beschleunigung in die gegensätzliche Richtung wirkt, ist sie folglich negativ. Letzteres gilt übrigens auch nach dem Richtungswechsel.

Ähnliches gilt für ein Teilchen, welches eine Talfahrt macht und nach Erreichen des Minimums wieder umkehrt. Auch hier braucht es eine der Bewegungsrichtung entgegengesetzte Beschleunigung. Vor der Umkehr ist die Bewegungsrichtung negativ (die Höhe nimmt ab). Die Beschleunigung ist in diesem Fall positiv.

Wir fassen zusammen: Damit ein Teilchen ein Höhenmaximum erreichen kann, muss es negativ beschleunigt sein. Zum Erreichen eines Höhenminimums ist eine positive Beschleunigung nötig. Insbesondere ist das Vorzeichen der Beschleunigung ausschlaggebend für die Art der Extremalstelle.

Wie lässt sich die Beschleunigung $a = a(t)$ eines Teilchens berechnen? Dazu bemerken wir, dass die Beschleunigung die *momentane Änderung* der Geschwindigkeit bedeutet. Entsprechend dem Beispiel 3.1 wird die Beschleunigung daher als die Ableitung der Geschwindigkeit berechnet:

$$a(t) = v'(t).$$

Unter Benutzung der Tatsache, dass $v(t) = h'(t)$ gilt, erkennen wir die Beschleunigung als die *zweite Ableitung* der Positionsfunktion $h(t)$. Wir verwenden die Notation $h''(t)$:

$$a(t) = [v(t)]' = [h'(t)]' = h''(t).$$

Für das Beispiel 3.13 berechnen wir:

$$h''(t) = v'(t) = -g.$$

Tatsächlich ist die Beschleunigung negativ, d. h. der Bewegungsrichtung vor der Rückkehr des Teilchens (Steigflugphase) entgegengesetzt.

Diese Beobachtungen gelten ganz allgemein:

Betrachte eine Funktion $f = f(x)$ auf einem Definitionsbereich $a \leq x \leq b$. Wir nehmen an, dass es ein x_m mit $a < x_m < b$ gibt, so dass

$$f'(x_m) = 0.$$

Dann ist x_m ein

- *lokales Maximum* von f, falls $f''(x_m) < 0$;

- *lokales Minimum* von f, falls $f''(x_m) > 0$.

Falls $f''(x_m) = 0$, dann ist x_m nicht notwendigerweise eine Extremalstelle. Hier steht f'' für die *zweite Ableitung* (d. h. die Ableitung der Ableitung) von f.

Bemerkung 3.19 Eine Funktion kann mehrere Extremalstellen besitzen. Gibt es mehrere Maximalpunkte, so heisst der grösste Funktionswert **globales Maximum** der Funktion. Genau gleich ist ein **globales Minimum** der kleinste Funktionswert im betrachteten Definitionsbereich. Alle anderen Extremalstellen nennen wir **lokal**; siehe Abbildung 3.3.

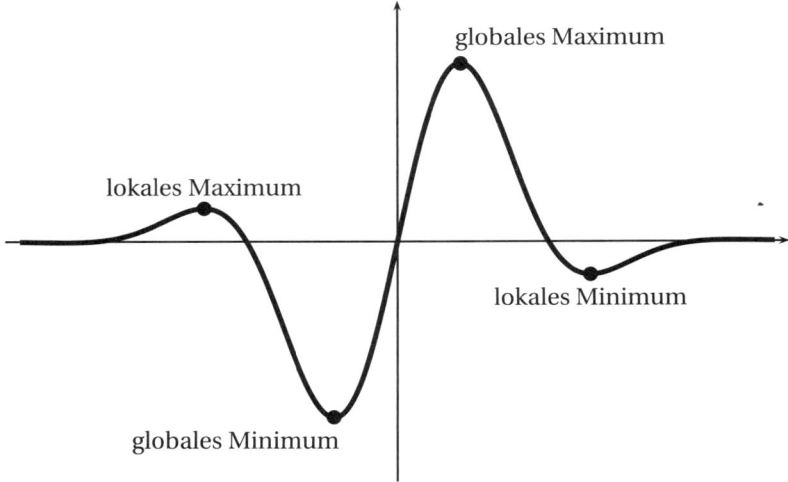

Abbildung 3.3: Globale und lokale Extremalstellen.

Bemerkung 3.20 Das obige Kriterium lässt sich etwas allgemeiner formulieren: Falls die Ableitung der Funktion f bei x_m, mit $a < x_m < b$, eine Nullstelle hat, d. h. $f'(x_m) = 0$, dann ist x_m ein lokales

- Maximum von f, falls das Vorzeichen von f' bei x_m von positiv auf negativ wechselt;

- Minimum von f, falls das Vorzeichen von f' bei x_m von negativ auf positiv wechselt.

Wenn das Vorzeichen vor und nach der Nullstelle dasselbe bleibt, so nennen wir x_m einen *Sattelpunkt* von f.

Beispiel 3.21 Wir kehren noch einmal zu Beispiel 3.17 zurück und weisen nach, dass die Funktion H bei $p = 1/2$ tatsächlich *maximal* ist. Wir berechnen

$$H''(p) = [-\ln(p) + \ln(1-p)]' = -\frac{1}{p} - \frac{1}{1-p}.$$

Es gilt

$$H''(1/2) = -\frac{1}{1/2} - \frac{1}{1-1/2} = -4 < 0.$$

Die zweite Ableitung ist negativ und somit liegt eine Maximalstelle von H vor. □

3.4 Mittelwertsatz

Wir betrachten nochmals ein Partikel mit zugehöriger Positionsfunktion $x(t)$. Angenommen, es gibt zwei (getrennte) Zeitpunkte $t_1 < t_2$, so dass $x(t_1) = x(t_2)$ gilt. Dies bedeutet, dass sich das Partikel zu den beiden Zeitpunkten t_1, t_2 bei derselben Position befindet. Aus physikalischer Sicht gibt es dafür zwei Erklärungen: Das Partikel bewegt sich entweder überhaupt nicht oder es kehrt zwischen den Zeitpunkten t_1 und t_2 um. Im ersten Fall ist die Geschwindigkeit $v(t) = x'(t)$ des Partikels konstant null. Im zweiten Fall folgt, wie im vorherigen Abschnitt erläutert, dass es einen Umkehrzeitpunkt $\bar{t}$ zwischen t_1 und t_2 gibt, so dass $v(\bar{t}) = x'(\bar{t}) = 0$ gilt. Aus diesen Beobachtungen ergibt sich der bekannte **Satz von Rolle** (Michel Rolle 1652–1719):

Es sei $f = f(x)$ eine differenzierbare Funktion und $a < b$ zwei Punkte in ihrem Definitionsbereich. Falls $f(a) = f(b)$ ist, dann gibt es (mindestens) einen Punkt ξ zwischen a und b, $a < \xi < b$, so dass $f'(\xi) = 0$.

Diese Aussage hat eine wichtige Verallgemeinerung: Wir betrachten eine differenzierbare Funktion f und zwei Punkte $a < b$ in ihrem Definitionsbereich. Weiter definieren wir die Hilfsfunktion

$$g(x) = f(x) - \frac{f(a)}{b-a}(b-x) - \frac{f(b)}{b-a}(x-a).$$

Dann gilt

$$g(a) = g(b) = 0$$

und

$$g'(x) = f'(x) + \frac{f(a)}{b-a} - \frac{f(b)}{b-a}.$$

Mit dem Satz von Rolle wissen wir, dass es einen Punkt ξ zwischen a und b gibt, so dass $g'(\xi) = 0$ gilt. Einsetzen ergibt:

$$0 = g'(\xi) = f'(\xi) + \frac{f(a)}{b-a} - \frac{f(b)}{b-a}.$$

Aus dieser Gleichung erhalten wir

$$f'(\xi) = \frac{f(b) - f(a)}{b - a}.$$

Dies ist der berühmte **Mittelwertsatz**, der ein Kernstück der Analysis bildet.

Es sei f eine differenzierbare Funktion und $a < b$ zwei Punkte in ihrem Definitionsbereich. Dann gibt es (mindestens) einen Punkt ξ zwischen a und b, $a < \xi < b$, so dass

$$f'(\xi) = \frac{f(b) - f(a)}{b - a}$$

gilt.

Intuitiv lässt sich der Satz wie folgt illustrieren: Angenommen $x = x(t)$ sei die Positionsfunktion eines Partikels. Seine Geschwindigkeit ist dann bekanntermassen gegeben durch $v(t) = x'(t)$. Ferner berechnet sich seine *Durchschnittsgeschwindigkeit* zwischen zwei Zeitpunkten $t_1 < t_2$ als Quotient der Positionsdifferenz und der verstrichenen Zeitspanne, also als

$$\frac{x(t_2) - x(t_1)}{t_2 - t_1}.$$

Der Mittelwertsatz besagt jetzt, dass es (mindestens) einen Zeitpunkt $\bar{t}$ zwischen t_1 und t_2 gibt, $t_1 < \bar{t} < t_2$, mit

$$v(\bar{t}) = x'(\bar{t}) = \frac{x(t_2) - x(t_1)}{t_2 - t_1}.$$

Somit nimmt das Partikel zwischen zwei festen Zeitpunkten immer mindestens einmal seine Durchschnittsgeschwindigkeit innerhalb dieser beiden Zeitpunkte an.

Eine weitere bedeutende Folgerung ergibt sich sofort:

Falls für eine differenzierbare Funktion $f = f(x)$ auf einem Definitionsbereich $a < x < b$ gilt, dass $f'(x) = 0$ ist für *jeden* Punkt x zwischen a und b, dann ist f eine *konstante* Funktion.

Dies lässt sich wie folgt erklären: Wir wählen zwei *beliebige* Punkte $x_1 < x_2$ zwischen a und b, d. h. $a < x_1 < x_2 < b$. Mit Hilfe des Mittelwertsatzes gibt es einen Punkt ξ mit $x_1 < \xi < x_2$, so dass

$$f'(\xi) = \frac{f(x_2) - f(x_1)}{x_2 - x_1}.$$

Da nun die Ableitung von f überall gleich null ist, folgt

$$0 = \frac{f(x_2) - f(x_1)}{x_2 - x_1},$$

und weil $x_1 \neq x_2$, muss

$$f(x_1) = f(x_2)$$

gelten. Somit hat die Funktion f bei den Punkten x_1 und x_2 genau denselben Wert. Da diese Punkte beliebig gewählt wurden, hat f innerhalb des gegebenen Definitionsbereichs überall denselben Wert und ist somit konstant.

3.5 Taylorreihen

Wir betrachten den Halbkreis mit Radius 1 und Zentrum im Ursprung, der sich in der oberen Halbebene des Koordinatensystems befindet. Er ist der Graph der Funktion

$$f(x) = \sqrt{1 - x^2},$$

für $-1 \leq x \leq 1$; siehe Abbildung 2.6.

Wir wollen die Funktion f in der Nähe von $x = 0$ durch eine "einfachere" Funktion f_0 approximieren. Eine leichte Möglichkeit ist die Annäherung durch eine *konstante Funktion*. Hierbei wählen wir die Konstante so, dass der Graph von f_0 durch den Punkt $(0, f(0))$ geht, also

$$f_0(x) = f(0) = 1;$$

siehe Abbildung 3.4.

Um eine Verbesserung dieser Approximation zu erreichen, könnte man die Idee verfolgen, die Funktion f bei $x = 0$ durch eine *lineare Funktion* f_1, also durch eine Gerade, anzunähern. Im aktuellen Beispiel würde dies aber genau dasselbe Ergebnis liefern wie bei der konstanten Approximation. Wenden wir uns deshalb der Frage zu, wie f bei $x = 0$ möglichst gut durch eine *quadratische Funktion*

$$f_2(x) = ax^2 + bx + c$$

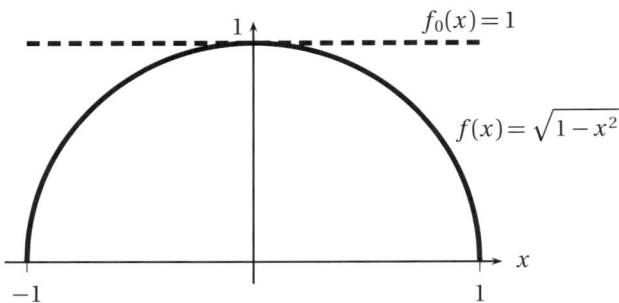

Abbildung 3.4: Approximation von $f(x) = \sqrt{1-x^2}$ durch eine konstante Funktion.

angenähert werden kann. Es gilt also, die Koeffizienten a, b, c geeignet zu wählen. Zunächst ist es auch hier wünschenswert, dass die Funktion f_2 bei $x = 0$ den gleichen Wert hat wie die Funktion f:

$$f(0) = f_2(0) = c,$$

und somit

$$f_2(x) = ax^2 + bx + f(0).$$

Nun ist es naheliegend, auch die Ableitungen der beiden Funktionen bei $x = 0$ zu vergleichen. Wir verlangen

$$f'(0) = f_2'(0).$$

Es gilt

$$f_2'(x) = 2ax + b,$$

und daher

$$f'(0) = f_2'(0) = b,$$

woraus

$$f(x) = ax^2 + f'(0)x + f(0)$$

folgt. Nun setzen wir auch noch die zweiten Ableitungen bei $x = 0$ gleich,

$$f''(0) = f_2''(0),$$

und erhalten mit

$$f_2''(x) = 2a,$$

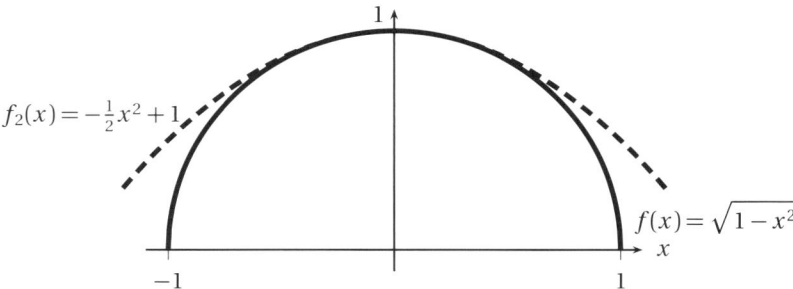

Abbildung 3.5: Approximation von $f(x) = \sqrt{1 - x^2}$ durch eine quadratische Funktion.

dass

$$f''(0) = f_2''(0) = 2a.$$

Deshalb

$$a = \frac{1}{2} f''(0).$$

Damit ergibt sich die gesuchte quadratische Funktion:

$$f_2(x) = \frac{1}{2} f''(0)x^2 + f'(0)x + f(0).$$

Wir berechnen noch die Ableitungswerte von f bei $x = 0$. Es lässt sich zeigen, dass

$$f'(x) = \frac{-x}{\sqrt{1 - x^2}}, \qquad f''(x) = \frac{-1}{(1 - x^2)^{3/2}}, \tag{3.22}$$

und somit

$$f'(0) = 0, \qquad f''(0) = -1.$$

Mit $f(0) = 1$ folgt:

$$f_2(x) = -\frac{1}{2} x^2 + 1.$$

Eine grafische Darstellung präsentieren wir in Abbildung 3.5. Wir erkennen, dass die Approximation in der Nähe von $x = 0$ überraschend gut ist und dann, mit wachsendem Abstand von $x = 0$, erwartungsgemäss ungenauer wird.

Mit der gleichen Vorgehensweise können wir nun die Funktion f in der Nähe von $x = 0$ durch ein Polynom 3., 4., 5., ..., n-ten Grades approximieren. Dabei ergibt sich Folgendes:

Es sei $f = f(x)$ eine Funktion, die um $x = 0$ herum definiert ist. Ausserdem sei f_n ein Polynom vom Grad n, welches f so approximiert, dass der Funktionswert von f sowie die Werte der ersten bis n-ten Ableitung von f bei $x = 0$ mit den jeweiligen Werten von f_n übereinstimmen:

$$f_n(0) = f(0), \quad f_n'(0) = f'(0), \quad f_n''(0) = f''(0), \quad \ldots, \quad f_n^{(n)}(0) = f^{(n)}(0).$$

Hier bezeichnet $f^{(n)}$ die n-te Ableitung von f (auch Ableitung n-ter Ordnung genannt). Dann gilt die Formel

$$f_n(x) = f(0) + f'(0)x + \frac{1}{1 \cdot 2} f''(0)x^2 + \frac{1}{1 \cdot 2 \cdot 3} f'''(0)x^3$$
$$+ \frac{1}{1 \cdot 2 \cdot 3 \cdot 4} f^{(4)}(0)x^4 + \ldots + \frac{1}{n!} f^{(n)}(0)x^n,$$

wobei $n!$ die Fakultätszahl von n ist; siehe (1.21). Das Polynom f_n heisst **Taylorpolynom vom Grad** n von f bei $x = 0$. Die unendliche Summe

$$\sum_{j=0}^{\infty} \frac{f^{(j)}(0)}{j!} x^j$$

nennen wir (falls sie existiert) **Taylorreihe** oder **Taylorentwicklung** von f bei $x = 0$.

Beispiel 3.23 Ein bekanntes Beispiel ist die Taylorentwicklung der Exponentialfunktion $f(x) = \exp(x) = e^x$. Da die Ableitung f' von f gerade f selber ist, gilt

$$e^x = f(x) = f'(x) = f''(x) = f'''(x) = \ldots$$

Mit $e^0 = 1$ ist die Taylorentwicklung n-ten Grades bei $x = 0$ somit gegeben durch

$$f_n(x) = 1 + x + \frac{1}{2}x^2 + \frac{1}{6}x^3 + \frac{1}{24}x^4 + \ldots + \frac{1}{n!}x^n.$$

In der Tat konvergiert die Reihe für $n \to \infty$ (für jeden beliebigen Wert von x), und es gilt

$$e^x = 1 + x + \frac{1}{2}x^2 + \frac{1}{6}x^3 + \frac{1}{24}x^4 + \ldots = \sum_{j=0}^{\infty} \frac{x^j}{j!}. \tag{3.24}$$

Diese Summe heisst **Exponentialreihe**. Mit mathematischen Methoden lässt sich zeigen, dass die bekannten Eigenschaften

$$e^{x+y} = e^x e^y, \qquad e^{xy} = (e^x)^y,$$

wo x und y beliebige Zahlen sind, gelten. Für $x = 1$ folgt

$$e = e^1 = \sum_{j=0}^{\infty} \frac{1}{j!};$$

vgl. (1.22). □

Beispiel 3.25 Wir suchen die Taylorentwicklung f_n von

$$f(x) = \frac{1}{1-x}$$

bei $x = 0$. Es gilt:

$$f'(x) = \frac{1}{(1-x)^2}$$

$$f''(x) = \frac{2}{(1-x)^3}$$

$$f'''(x) = \frac{2 \cdot 3}{(1-x)^4}$$

$$f^{(4)}(x) = \frac{2 \cdot 3 \cdot 4}{(1-x)^5}$$

$$\vdots$$

$$f^{(n)}(x) = \frac{n!}{(1-x)^{n+1}}.$$

Daher

$$f(0) = 1, \quad f'(0) = 1, \quad f''(0) = 1 \cdot 2, \quad f'''(0) = 1 \cdot 2 \cdot 3,$$

$$f^{(4)}(0) = 1 \cdot 2 \cdot 3 \cdot 4, \quad \ldots, \quad f^{(n)}(0) = n!.$$

Für die Taylorreihe gilt dann

$$f_n(x) = 1 + x + x^2 + x^3 + x^4 + \ldots + x^n.$$

Interessanterweise ist dies eine geometrische Reihe,

$$f_n(x) = \sum_{j=0}^{n} x^j.$$

Hierfür gibt es eine explizite Darstellung; siehe (1.16):

$$f_n(x) = \frac{1 - x^{n+1}}{1 - x}.$$

Der Approximationsfehler in der Taylorreihe ist dann

$$f(x) - f_n(x) = \frac{x^{n+1}}{1 - x}.$$

Dieser Ausdruck (insbesondere der Zähler) geht für $n \to \infty$ genau dann gegen 0, wenn $-1 < x < 1$. Ansonsten divergiert er.   □

Bemerkung 3.26 Das obige Beispiel zeigt, dass Taylorreihen meist nur innerhalb eines beschränkten Bereichs gültig sind. Insbesondere erkennen wir, dass die Darstellung

$$f(x) = \frac{1}{1 - x} = \sum_{j=0}^{\infty} x^j$$

nur für $-1 < x < 1$ gilt. Beispielsweise ist $f(x)$ für alle $x > 1$ ein endlicher Wert, während die entsprechende Reihe $\sum_{j=0}^{\infty} x^j$ unendlich gross ist.

Bislang haben wir Taylorreihen in der Nähe von $x = 0$ betrachtet. Taylorentwicklungen von Funktionen können aber auch in der Nähe von beliebigen Punkten $x = \bar{x}$ definiert werden.

Es sei $f = f(x)$ eine Funktion, die um $x = \bar{x}$ definiert ist. Ausserdem sei f_n ein Polynom vom Grad n, welches f so approximiert, dass der Funktionswert von f sowie die Werte der ersten bis n-ten Ableitung von f bei $x = \bar{x}$ mit den jeweiligen Werten von f_n übereinstimmen:

$$f_n(\bar{x}) = f(\bar{x}), \quad f_n'(\bar{x}) = f'(\bar{x}), \quad f_n''(\bar{x}) = f''(\bar{x}), \quad \ldots, \quad f_n^{(n)}(\bar{x}) = f^{(n)}(\bar{x}).$$

Dann gilt die Formel

$$f_n(x) = f(\bar{x}) + f'(\bar{x})(x - \bar{x}) + \frac{1}{1 \cdot 2} f''(\bar{x})(x - \bar{x})^2 + \frac{1}{1 \cdot 2 \cdot 3} f'''(\bar{x})(x - \bar{x})^3$$

$$+ \frac{1}{1 \cdot 2 \cdot 3 \cdot 4} f^{(4)}(\bar{x})(x - \bar{x})^4 + \ldots + \frac{1}{n!} f^{(n)}(\bar{x})(x - \bar{x})^n. \tag{3.27}$$

Das Polynom f_n heisst **Taylorpolynom vom Grad** n von f bei $x = \bar{x}$. Die unendliche Summe

$$\sum_{j=0}^{\infty} \frac{f^{(j)}(\bar{x})}{j!} (x - \bar{x})^j$$

nennen wir (falls sie existiert) **Taylorreihe** oder **Taylorentwicklung** von f bei $x = \bar{x}$.

Bemerkung 3.28 Da die Taylorapproximation ersten Grades einer Funktion eine lineare Funktion ist, wird sie häufig als **Linearisierung** dieser Funktion bezeichnet.

Bemerkung 3.29 Taylorreihen approximieren eine Funktion üblicherweise nur in der Nähe ihres Entwicklungspunktes gut. Häufig existiert die unendliche Summe überhaupt nur für Werte von x, welche nahe genug bei $\bar{x}$ liegen. Der maximale Abstand $|x - \bar{x}|$, für welchen die Taylorreihe bei x existiert, heisst **Konvergenzradius** einer Reihe.

Beispiel 3.30 Wir betrachten nochmals das Beispiel des Halbkreises am Anfang dieses Abschnitts. Dieses Mal approximieren wir die Funktion $f(x) = \sqrt{1 - x^2}$ in der Nähe des Punktes $\bar{x} = 1/2$. Es gilt

$$f(1/2) = \frac{\sqrt{3}}{2}.$$

Weiter haben wir mit (3.22):

$$f'(1/2) = -\frac{\sqrt{3}}{3}, \qquad f''(1/2) = -\frac{8\sqrt{3}}{9}.$$

Die Taylorentwicklung 1. Ordnung (Linearisierung) von f bei $x = 1/2$ berechnet sich dann wie folgt:

$$f_1(x) = f(1/2) + (x - 1/2)f'(1/2) = \frac{\sqrt{3}}{2} - \frac{\sqrt{3}}{3}\left(x - \frac{1}{2}\right).$$

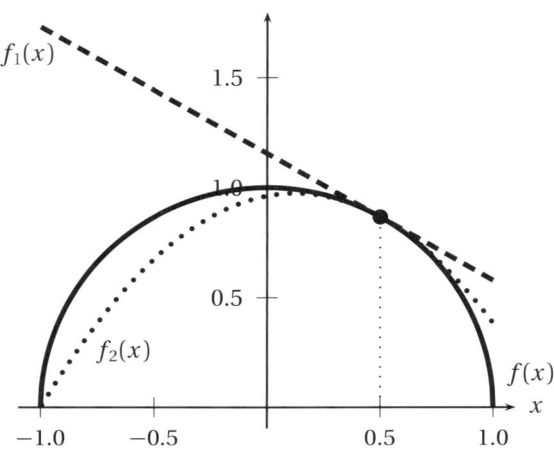

Abbildung 3.6: Approximation von $f(x) = \sqrt{1 - x^2}$ durch eine lineare und eine quadratische Funktion bei $x = 1/2$.

Für die Taylorentwicklung 2. Ordnung von f bei $x = 1/2$ erhalten wir:

$$f_2(x) = f(1/2) + (x - 1/2)f'(1/2) + \frac{1}{2}(x - 1/2)^2 f''(1/2)$$
$$= \frac{\sqrt{3}}{2} - \frac{\sqrt{3}}{3}\left(x - \frac{1}{2}\right) - \frac{4\sqrt{3}}{9}\left(x - \frac{1}{2}\right)^2.$$

Wir stellen die Funktion f und ihre Näherungen f_1 und f_2 bei $x = 1/2$ in Abbildung 3.6 grafisch dar.   □

Bemerkung 3.31 Aus der Grafik zum obigen Beispiel stellen wir fest, dass die Gerade, welche durch den Graphen der linearen Approximation f_1 (Linearisierung von f) beschrieben wird, tangential an den Graphen der Funktion f beim Punkt $x = 1/2$ liegt. Ganz allgemein gilt: Der Graph der Linearisierung einer Funktion f bei einem Punkt $x = \bar{x}$ ist die Tangente an den Graphen von f bei diesem Punkt.

3.6 Newton-Raphson-Methode zur numerischen Lösung von Gleichungen

Eine Holzkugel mit Radius R schwimmt im Wasser. Wie tief taucht sie ein? Nach dem Prinzip von Archimedes (ca. 300–200 v. Chr.) über die Auftriebskraft ist das Gewicht des durch die Kugel verdrängten Wassers gerade gleich dem Gewicht der Kugel. Bezeichnen wir die Dichte von Holz mit ρ_{Holz}, so ist die Masse m_{Kugel} der Kugel gegeben durch

$$m_{\text{Kugel}} = \frac{4}{3}\pi\rho_{\text{Holz}}R^3,$$

und ihr Gewicht ist

$$G_{\text{Kugel}} = \frac{4}{3}\pi\rho_{\text{Holz}}g\,R^3,$$

wobei g für die Erdbeschleunigung steht. Das Volumen der *eingetauchten* Teilkugel berechnet sich als

$$\pi x^2\left(R - \frac{x}{3}\right);$$

siehe Übung 2.11 (Kapitel 2). Hier ist x die gesuchte Eintauchtiefe; siehe Abbildung 3.7. Folglich ist das Gewicht G_{Wasser} des verdrängten Wassers gegeben durch

$$G_{\text{Wasser}} = \pi\rho_{\text{Wasser}}g\,x^2\left(R - \frac{x}{3}\right),$$

wobei ρ_{Wasser} die Dichte des Wassers bezeichnet. Mit $G_{\text{Kugel}} = G_{\text{Wasser}}$ erhalten wir die Gleichung

$$\frac{4}{3}\pi\rho_{\text{Holz}}g\,R^3 = \pi\rho_{\text{Wasser}}g\,x^2\left(R - \frac{x}{3}\right),$$

oder umgeformt

$$x^3 - 3Rx^2 + 4R^3\frac{\rho_{\text{Holz}}}{\rho_{\text{Wasser}}} = 0.$$

Wir betrachten nun eine Kugel mit Radius $R = 10$ cm. Die Dichte von Wasser ist bei einer Temperatur von $4°$ C gerade $\rho_{\text{Wasser}} = 1$ g/cm³. Die Dichte von Holz hängt stark von der Baumart ab; für Eichenholz ist $\rho_{\text{Holz}} = 0.8$ g/cm³ ein vernünftiger Wert. Damit wird die obige Gleichung zu

$$x^3 - 30x^2 + 3200 = 0. \tag{3.32}$$

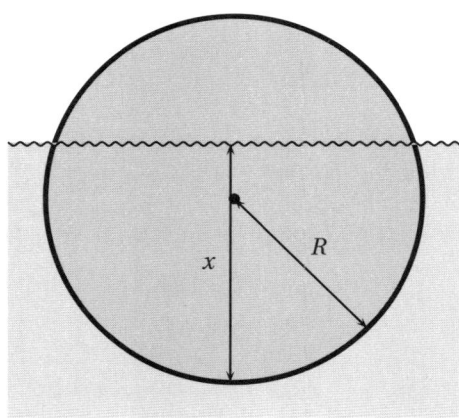

Abbildung 3.7: Schwimmende Holzkugel im Wasser.

Um die Eintauchtiefe der Eichenkugel zu bestimmen, müssen wir die obige Gleichung lösen. Es stellt sich rasch heraus, dass dies nicht durch einige einfache algebraische Umformungen möglich ist. Diese Situation ist typisch für die Praxis. Oftmals ist es sogar so, dass Gleichungen überhaupt nicht "von Hand" lösbar sind. Numerische Lösungsmethoden, welche die Lösung bis auf eine beliebige Genauigkeit berechnen können, sind eine attraktive Alternative. Ein sehr bekanntes Verfahren ist die Newton-Raphson[1]-Methode, welche wir hier vorstellen wollen. Wir tun dies anhand des obigen Beispiels.

Das Auffinden einer Lösung der Gleichung (3.32) ist äquivalent zu folgender Aufgabe: Finde eine Nullstelle der Funktion

$$f(x) = x^3 - 30x^2 + 3200. \tag{3.33}$$

Wir stellen den Graphen der Funktion f in Abbildung 3.8 dar und erkennen, dass die gesuchte Nullstelle, also die Eintauchtiefe der Kugel, in der Nähe von $x = 14$ liegt. Die Grundidee der Newton-Raphson-Methode lautet wie folgt:

1. Wir approximieren die Funktion f in der Nähe der gesuchten Nullstelle durch eine "einfachere" Funktion. Konkret betrachten wir die Taylorapproximation erster Ordnung, also die Linearisierung f_1 von f, in der Nähe der Nullstelle.

---

[1] Sir Isaac Newton, 1642–1727; Joseph Raphson, 1648–1715.

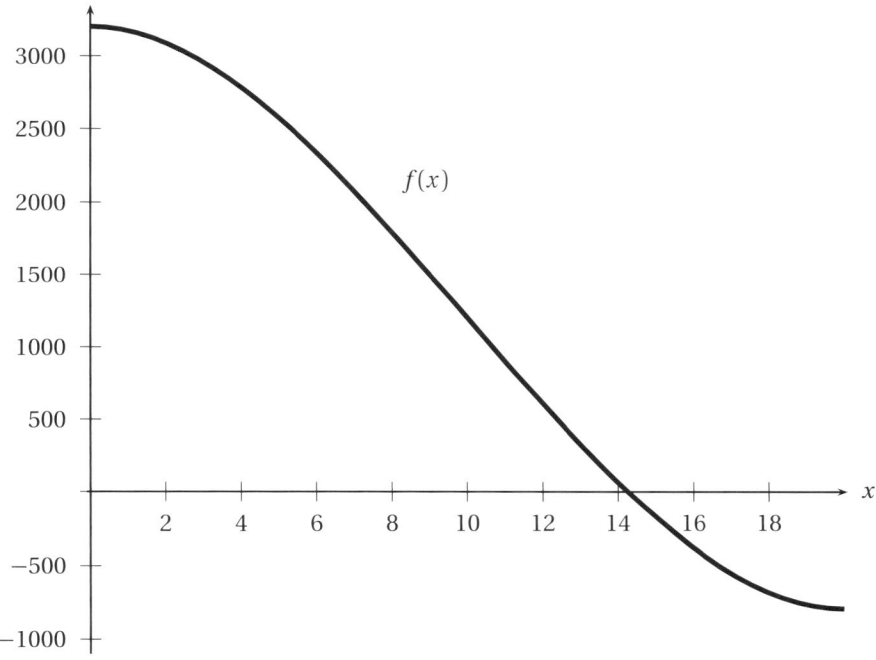

Abbildung 3.8: Graph der Funktion f aus (3.33).

2. Wir finden eine Nullstelle der Linearisierung, d. h. wir lösen die Gleichung

$$f_1(x) = 0,$$

um eine Näherungslösung der ursprünglichen Gleichung zu erhalten.

Wir wenden diese Idee auf unser Beispiel an. Zunächst definieren wir $x_0 = 14$ und berechnen die Linearisierung f_1 von f in der Nähe dieses Punktes. Mit (3.27) gilt:

$$f_1(x) = f(x_0) + f'(x_0)(x - x_0).$$

Anstatt jetzt die Nullstelle der Funktion f zu finden, bestimmen wir die (einzige) Nullstelle von f_1. Wir bezeichnen sie mit x_1:

$$f_1(x_1) = 0.$$

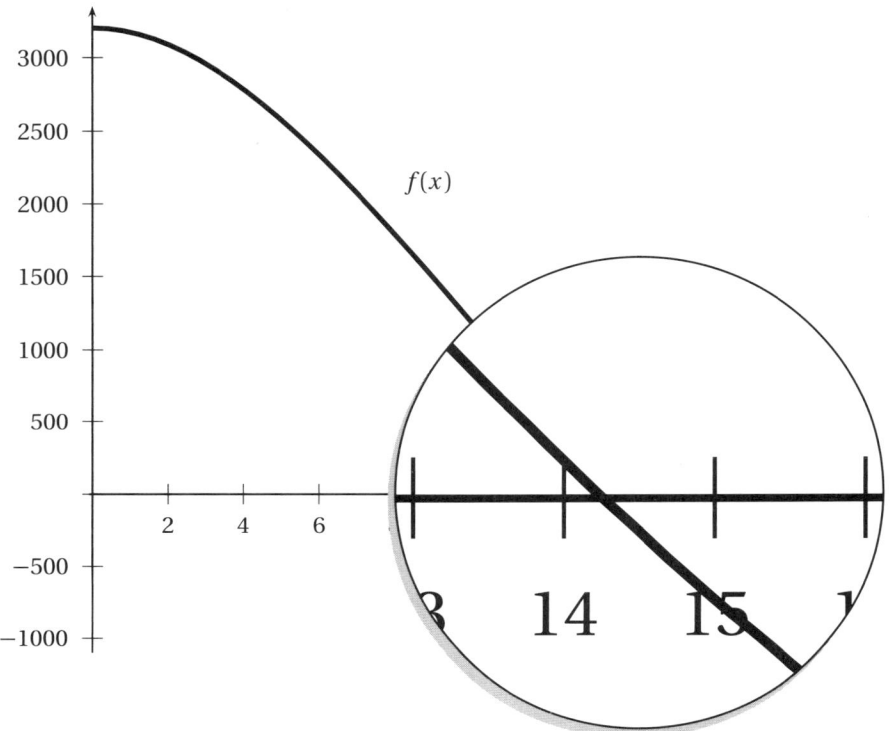

Abbildung 3.9: Graph der Funktion f aus (3.33) mit Vergrösserung der Nullstelle.

Da

$$0 = f_1(x_1) = f(x_0) + f'(x_0)(x_1 - x_0),$$

folgt:

$$x_1 = x_0 - \frac{f(x_0)}{f'(x_0)}. \tag{3.34}$$

Mit $f'(x) = 3x^2 - 60x$ gilt dann

$$x_1 = x_0 - \frac{x_0^3 - 30x_0^2 + 3200}{3x_0^2 - 60x_0} = 14 - \frac{64}{-252} = 14.2539\ldots$$

Aus Abbildung 3.9 sehen wir, dass dies eine recht gute Näherung an den exakten Wert der Nullstelle von f ist. Die Näherung kann nun mit der genau gleichen Idee weiter verbessert werden: Betrachte die Linearisierung f_1 von f bei $x_1 = 14.2539\ldots$ und berechne ihre Nullstelle. Wir nennen sie x_2. Da das Vorgehen genau gleich wie bei der Berechnung der Näherung x_1 aussieht, werden wir eine zu (3.34) analoge Formel erhalten:

$$x_2 = x_1 - \frac{f(x_1)}{f'(x_1)} = 14.25718\ldots$$

Weitere Verbesserungen $x_3, x_4, \ldots$ können nun in der genau gleichen Weise erhalten werden:

$$x_0 = 14.0000000000$$
$$x_1 = 14.2539682540$$
$$x_2 = 14.2571849539$$
$$x_3 = 14.2571854916$$
$$x_4 = 14.2571854916$$

Wir erkennen, dass sich die verfügbaren Nachkommastellen bei x_4 bereits nicht mehr von jenen von x_3 unterscheiden. Dies deutet an, dass diese Stellen sehr wahrscheinlich mit der exakten Lösung übereinstimmen.

Die **Newton-Raphson-Methode** zur Bestimmung von Nullstellen ist wie folgt definiert:

Gegeben ist eine Funktion $f = f(x)$, gesucht ist eine Nullstelle von f.

(1) Wir wählen eine Näherung x_0 der gesuchten Nullstelle von f.

(2) Wir berechnen eine Folge von potenziell besseren Näherungen wie folgt:

$$x_1 = x_0 - \frac{f(x_0)}{f'(x_0)}$$
$$x_2 = x_1 - \frac{f(x_1)}{f'(x_1)}$$
$$\vdots$$
$$x_n = x_{n-1} - \frac{f(x_{n-1})}{f'(x_{n-1})}.$$

Etwas kürzer schreiben wir

$$x_{j+1} = x_j - \frac{f(x_j)}{f'(x_j)}, \qquad j = 0, 1, 2, \ldots, n. \qquad (3.35)$$

Die Iteration wird beendet, sobald die Lösung als genügend genau akzeptiert werden kann oder eine maximale (vorgeschriebene) Iterationszahl n erreicht ist.

Bemerkung 3.36 Im vorherigen Beispiel fällt auf, dass das Newton-Raphson-Verfahren (zumindest im gegebenen Beispiel) sehr rasch gegen die exakte Lösung zu konvergieren scheint. Ein solches Verhalten ist in der Praxis selbstverständlich sehr willkommen, und die Newton-Raphson-Methode ist gerade deshalb sehr beliebt. Die Erfahrung lehrt, dass schnelle Konvergenz gegen die exakte Lösung vor allem dann beobachtet wird, wenn der Startwert x_0 bereits nahe genug bei der gesuchten Lösung liegt.

Wir unterstreichen hier, dass das Newton-Raphson-Verfahren nicht in allen Situationen eine zuverlässige Lösung liefert. So kann es vorkommen, dass es nur sehr langsam oder überhaupt nicht konvergiert; siehe die Übungen 3.12, 3.13 und 3.14.

Praktische Aspekte und Varianten

- Das Newton-Raphson-Verfahren setzt voraus, dass die Ableitung von f, zumindest an gewissen Stellen, berechenbar ist. Dies ist nicht immer der Fall. Allerdings lässt sich die Ableitung näherungsweise durch einen Differenzenquotienten ersetzen (siehe (3.5)):

$$f'(x_j) \approx \frac{f(x_j + \Delta x) - f(x_j)}{\Delta x}.$$

Wir können beispielsweise $\Delta x = x_{j-1} - x_j$ wählen. Dann gilt

$$f'(x_j) \approx \frac{f(x_{j-1}) - f(x_j)}{x_{j-1} - x_j}.$$

Daraus folgt das folgende, zur Newton-Raphson-Methode verwandte numerische Verfahren:

$$x_{j+1} = x_j - \frac{f(x_j)(x_{j-1} - x_j)}{f(x_{j-1}) - f(x_j)}, \qquad j = 0, 1, 2, 3, \ldots$$

Diese Methode heisst **Sekantenverfahren**. Wir bemerken, dass diese Methode, im Gegensatz zum Newton-Raphson-Verfahren zwei Startwerte x_0 und x_1 benötigt.

- Das Newton-Raphson-Verfahren kann gewisse Instabilitäten aufweisen. Beispielsweise kann es vorkommen, dass die Methode nicht gegen die nächst gelegene Lösung (falls es mehrere gibt) oder überhaupt nicht konvergiert. Hier helfen oft sogenannte **gedämpfte Newtonmethoden**. Die Idee ist, die "Differenz" zwischen zwei Iterationen zu verkleinern. Man betrachtet zum Beispiel

$$x_{j+1} = x_j - \mu \frac{f(x_j)}{f'(x_j)}$$

mit einem Parameter $\mu < 1$. Solche Methoden konvergieren üblicherweise langsamer gegen die exakte Lösung, liefern aber robustere Resultate.

Eine ähnliche Bemerkung gilt, wenn eine *mehrfache* Nullstelle von f gesucht wird. Eine Nullstelle $\bar{x}$ von f heisst p-fach, falls

$$f(\bar{x}) = 0, \quad f'(\bar{x}) = 0, \quad f''(\bar{x}) = 0, \quad \ldots, \quad f^{(p-1)}(\bar{x}) = 0,$$

und

$$f^{(p)}(\bar{x}) \neq 0,$$

d. h., wenn $\bar{x}$ auch eine Nullstelle der ersten, zweiten, …, $(p-1)$-ten Ableitung von f ist, nicht aber der p-ten Ableitung; siehe Abschnitt 6.5. In diesem Fall wird typischerweise $\mu = p$ gewählt, um ein gutes Konvergenzverhalten zu erzielen.

- Wann soll die Iteration gestoppt werden? Ein mögliches Kriterium besteht darin, die Differenz zweier aufeinanderfolgender Iterationswerte zu vergleichen:

$$\left| x_{j+1} - x_j \right|.$$

Wenn dieser Wert kleiner ist, als eine vorgeschriebene Toleranz, dann wird die Lösung x_{j+1} als genügend genau akzeptiert.

- Abschliessend präsentieren wir einen OCTAVE-Code zur Implementierung der Newton-Raphson-Methode:

```
1   function xn = NR(x0,n)
2
3   f  = inline('f(x) hier definieren', 'x');
4   fd = inline('f'(x) hier definieren', 'x');
5
6   xn   = zeros(n+1,1);
7   xn(1) = x0;
8
9   for j=1:n
10    xn(j+1) = xn(j) - f(xn(j))/fd(xn(j));
11  end;
12
13  return;
```

Wir erklären diese Zeilen hier kurz (die Zeilennummern werden in der Implementierung nicht geschrieben):

- Zeile 1: Eine OCTAVE-Funktion wird definiert mit function. Dazu gehören die Ausgabe (hier die Folge der Näherungswerte xn) und die Eingabe (Startwert x0 und die Anzahl Iterationen n). Die Funktion wird in Zeile 13 mit return beendet.

- Zeilen 3 und 4: Hier werden die Funktion f und ihre Ableitung fd festgelegt.

- Zeile 6: Es wird eine Liste mit n+1 Nulleinträgen generiert. In dieser Liste werden später die Näherungswerte gespeichert.

- Zeile 7: Der erste Eintrag der Liste xn ist der Startwert x0.

- Zeile 9 und Zeile 11: Mit for wird ein iterativer Prozess gestartet (sogenannte "Schleife"). Er läuft über alle Werte j=1,2,3,...,n. Er wird mit end abgeschlossen.

- Zeile 10: In dieser Zeile findet die eigentliche Berechnung der Näherungswerte statt, entsprechend der Formel (3.35). Der (j+1)-te Näherungswert wird an der entsprechenden Stelle in der Liste xn abgelegt.

Die obigen Programmzeilen werden in einer Textdatei mit dem Namen NR.m abgespeichert. OCTAVE-Funktionen tragen die Endung .m; der Name der Datei ist üblicherweise der Name der Funktion. Die Funktion NR kann nun in OCTAVE beispielsweise mit dem Befehl

```
octave:1> NR(2,10)
```

aufgerufen werden.

Sehr ähnlich lässt sich die Methode mit eingebautem Abbruchkriterium implementieren. Die Eingabedaten sind ein Startwert x0 und eine Toleranz tol. Die Iteration läuft so lange, bis die Differenz von zwei aufeinanderfolgenden Iterationswerten grösser als die vorgegebene Toleranz ist, d. h. bis die Ungleichung

$$\left| x_{j+1} - x_j \right| \geq \text{tol}$$

nicht mehr gültig ist. Dies kann mit einer do...until-Schleife realisiert werden. Der Code ist so geschrieben, dass immer nur zwei Werte x0 und x1, die in jedem Schritt neu definiert respektive überschrieben werden, gespeichert werden müssen.

```
 1  function xn = NR(x0,tol)
 2
 3  f  = inline('f(x) hier definieren', 'x');
 4  fd = inline('f'(x) hier definieren', 'x');
 5
 6  xn = [x0];                  % Liste xn der numerischen
 7                              % Werte wird initialisiert
 8
 9  do                          % Anfang do-Schleife
10    x0 = xn(end);             % Rufe letzten Wert in der
11                              % Liste xn auf
12    x1 = x0 - f(x0)/fd(x0);   % Newton-Raphson-Methode
13    xn = [xn, x1];            % Update der Liste xn
14  until norm(x0-x1)<tol       % Abbruchkriterium
15                              % Ende do-Schleife
16
17  return;
```

Die Ausgabe xn ist eine Liste, welche die durch die Newton-Raphson-Methode berechneten Approximationswerte $x_0, x_1, x_2, \ldots$ für die (gesuchte) Nullstelle enthält (falls das Verfahren konvergiert).

3.7   Numerisches Differenzieren

In der Praxis werden Ableitungen nicht in allen Fällen formal exakt bestimmt:

- Beispielsweise können Funktionen sehr kompliziert und die formelmässige Berechnung ihrer Ableitung(en) dementsprechend zeitaufwendig sein.

- Viele Rechnerprogramme beinhalten keine Computeralgebra-Operationen, so dass die exakte Berechnung von Ableitungen unter Umständen überhaupt nicht möglich ist.

- Es kann durchaus auch vorkommen, dass eine Funktion gar nicht explizit, sondern nur durch (diskrete) Datenpunkte gegeben ist:

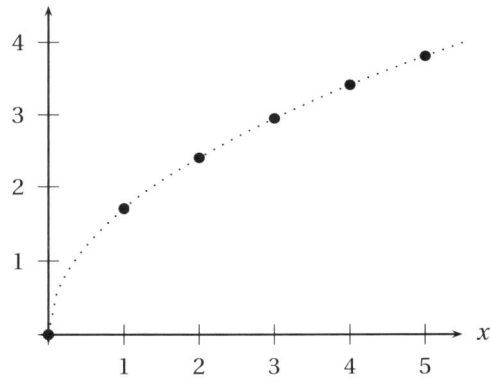

Hier ist eine formale Berechnung der Ableitung ebenfalls nicht möglich.

In solchen Situationen bieten sich numerische Ableitungstechniken an. Wir haben bereits in Beispiel 3.7 eine Ableitung numerisch berechnet. Dort war $p = p(h)$ eine höhenabhängige Druckfunktion. Mit Hilfe des Differenzenquotienten

$$\frac{p(200 + \Delta h) - p(200)}{\Delta h}$$

haben wir (für kleines Δh) die momentane Druckänderung auf der Höhe $h = 200$ näherungsweise berechnet.

Allgemein lässt sich die Ableitung einer Funktion f bei einem Punkt x_0 anhand des Differenzenquotienten

$$\frac{f(x_0 + \Delta x) - f(x_0)}{\Delta x} \tag{3.37}$$

aus (3.5), mit kleinem Δx, numerisch bestimmen. Da wir bei der Benutzung des Differenzenquotienten den Grenzübergang $\Delta x \to 0$ jedoch nicht ausführen, wird die numerische Berechnung der Ableitung typischerweise mit einem Fehler behaftet sein. Ein Gefühl für diesen Fehler erhalten wir mit Hilfe der Taylorapproximation von $f(x_0 + \Delta x)$ bei x_0. Hierfür gilt:

$$f(x_0 + \Delta x) = f(x_0) + \Delta x\, f'(x_0) + \frac{1}{2} \Delta x^2 f''(x_0) + \ldots.$$

Daraus erhalten wir, dass

$$\underbrace{\frac{f(x_0 + \Delta x) - f(x_0)}{\Delta x}}_{\text{numerische Ableitung}} = \frac{\Delta x\, f'(x_0) + \frac{1}{2}\Delta x^2 f''(x_0) + \ldots}{\Delta x}$$

$$= \underbrace{f'(x_0)}_{\text{exakte Ableitung}} + \underbrace{\frac{1}{2}\Delta x\, f''(x_0) + \ldots}_{\text{Fehler}}$$

Der Fehler zwischen dem Differenzenquotienten und der exakten Ableitung ist dann gegeben durch

$$\frac{f(x_0 + \Delta x) - f(x_0)}{\Delta x} - f'(x_0) = \frac{1}{2}\Delta x\, f''(x_0) + \ldots. \tag{3.38}$$

Er ist also in erster Näherung proportional zu Δx und zu $f''(x_0)$. Wir illustrieren dies anhand eines einfachen Beispiels.

Beispiel 3.39 Die Ableitung von $f(x) = 10^x$ soll bei $x = 1$ numerisch mit Hilfe von (3.37) bestimmt werden. Der exakte Wert ist

$$f'(1) = \ln(10)10^1 = 10\ln(10) = 23.025850929\ldots$$

Wir erhalten die folgende Tabelle:

Δx	$\frac{f(1+\Delta x)-f(1)}{\Delta x}$	Fehler: $\left\vert \frac{f(1+\Delta x)-f(1)}{\Delta x} - f'(1) \right\vert$
1	90.00000	66.97414907
0.1	25.89254	2.866690249
0.01	23.29299	0.267141351
0.001	23.05238	0.026529849
0.0001	23.02850	0.002651153
0.00001	23.02612	0.000265097

Es wird erkennbar, dass sich der Fehler bei jeder Verkleinerung von Δx um einen Faktor 10 ebenso etwa um einen Faktor 10 verkleinert. Dies zeigt die Proportionalität des Fehlers zu Δx. Das Beispiel zeigt aber auch auf, dass der Proportionalitätsfaktor ($= \text{Fehler}/\Delta x$), der laut (3.38) etwa $1/2 f''(x_0)$ ist, recht gross sein kann. Im gegebenen Beispiel ist dies $1/2 f''(1) = 1/2 \ln(10)^2 10 \approx 26.5$, was gut mit den Ergebnissen in der obigen Tabelle übereinstimmt.   □

Wir betrachten nochmals die Taylorapproximation von $f(x_0+\Delta x)$ bei x_0. Ebenso schreiben wir die Taylorapproximation von $f(x_0 - \Delta x)$ bei x_0 auf:

$$f(x_0 + \Delta x) = f(x_0) + \Delta x\, f'(x_0) + \frac{1}{2}\Delta x^2 f''(x_0) + \frac{1}{6}\Delta x^3 f'''(x_0) + \ldots$$

$$f(x_0 - \Delta x) = f(x_0) - \Delta x\, f'(x_0) + \frac{1}{2}\Delta x^2 f''(x_0) - \frac{1}{6}\Delta x^3 f'''(x_0) \pm \ldots.$$

Die Differenz dieser beiden Gleichungen ergibt:

$$f(x_0 + \Delta x) - f(x_0 - \Delta x) = 2\Delta x\, f'(x_0) + \frac{1}{3}\Delta x^3 f'''(x_0) + \ldots,$$

und daher

$$\frac{f(x_0 + \Delta x) - f(x_0 - \Delta x)}{2\Delta x} - f'(x_0) = \frac{1}{6}\Delta x^2 f'''(x_0) + \ldots.$$

Damit haben wir eine weitere Approximation der Ableitung gefunden, nämlich

$$f'(x_0) \approx \frac{f(x_0 + \Delta x) - f(x_0 - \Delta x)}{2\Delta x}.$$

Diese Näherung heisst **symmetrischer Differenzenquotient**. Im Gegensatz zum **rechtsseitigen Differenzenquotienten** (3.37) ist der Fehler im Vergleich zum exakten Wert der Ableitung proportional zu Δx^2. Dies bedeutet, dass die Approximation für kleines Δx gegenüber dem rechtsseitigen Differenzenquotienten wesentlich verbessert sein kann. Natürlicherweise lässt sich auch ein **linksseitiger Differenzenquotient** definieren,

$$\frac{f(x_0) - f(x_0 - \Delta x)}{\Delta x},$$

der, wie der rechtsseitige Differenzenquotient, proportional zu Δx und zu $f''(x_0)$ ist.

Beispiel 3.40 Wir betrachten nochmals die Funktion $f(x) = 10^x$ aus Beispiel 3.39 und berechnen die Ableitung an der Stelle $x = 1$ mit Hilfe des symmetrischen Differenzenquotienten:

Δx	$\frac{f(1+\Delta x)-f(1-\Delta x)}{2\Delta x}$	Fehler: $\left\| \frac{f(1+\Delta x)-f(1-\Delta x)}{2\Delta x} - f'(1) \right\|$
1	49.50000	26.47414907
0.1	23.22986	0.204007923
0.01	23.02789	0.002034733
0.001	23.02587	0.000020347
0.0001	23.02585	0.000000203

Wir erkennen, dass der Fehler bei jeder Dezimierung von Δx um einen Faktor 10 um etwa zwei Stellen kleiner wird. Dies ist ein Hinweis auf die Proportionalität zu Δx^2. □

Bemerkung 3.41 Ein wichtiger Kritikpunkt bei der numerischen Differentiation ist die Anfälligkeit der Differenzenquotienten auf Rundungsfehler. In der Praxis bedeutet das, dass Δx nicht beliebig klein gewählt werden darf, da die Rundungsfehler sonst den Fehler der Näherung übertreffen können. In der Tat zeigt sich beim obigen Beispiel 3.40 für $\Delta x = 0.00001$ bei ungefähr 16-stelliger Rechnung *(double precision)* ein Fehler von 0.000002070, d. h., die Approximation ist schlechter als für $\Delta x = 0.0001$. Dieses Phänomen nennt man *Stellenauslöschung*. Es entsteht durch Subtraktion zweier Zahlen, die sich (bezogen auf die Anzahl der verfügbaren Stellen) nur gering unterscheiden.

3.8 Übungsaufgaben

3.1 Ein Teilchen bewegt sich auf der Zahlengeraden. Wir kennen seine Geschwindigkeitsfunktion:

$$v(t) = \sin(3t - 2).$$

(a) Zu welchen Zeiten t erreicht das Teilchen eine maximale Position auf der Zahlengeraden?

(b) Wann ist seine Beschleunigung maximal?

3.2 Die Positionsfunktion eines Massenpunktes auf der reellen Zahlengeraden sei gegeben durch

$$s(t) = 2t\,e^{-t},$$

im Zeitintervall $-1 \leq t \leq 5$ (Definitionsbereich).

(a) Wann ist die Geschwindigkeit des Punktes extremal?

(b) Wie gross ist die maximale Beschleunigung des Massenpunktes, und wann wird sie erreicht?

(c) Welches ist die maximale Position, die das Partikel erreicht?

(d) Wann ist die Entfernung zum Nullpunkt maximal, und wie gross ist diese Entfernung?

Vergessen Sie bei dieser Aufgabe nicht, allfällige Randextrema zu berücksichtigen.

3.3 Aufgabe 2.11 zeigt, dass eine Kugel mit Radius $r \geq 0$ das Volumen

$$V(r) = \frac{4}{3}\pi r^3$$

besitzt.

(a) Was bedeutet der Ausdruck

$$\frac{V(r + \Delta r) - V(r)}{\Delta r}$$

für kleine Werte $\Delta r > 0$ *geometrisch*?

(b) Bestimmen Sie den Grenzwert des obigen Bruchterms für $\Delta r \rightarrow 0$.

3.4 Für den Benzinverbrauch b eines Autos (in Litern), das eine Teststrecke vorgegebener Länge (zum Beispiel 100 km) mit konstanter Geschwindigkeit v abfährt, gelte eine Näherungsformel der Form

$$b(v) = k\,v^2 + \frac{c}{v},$$

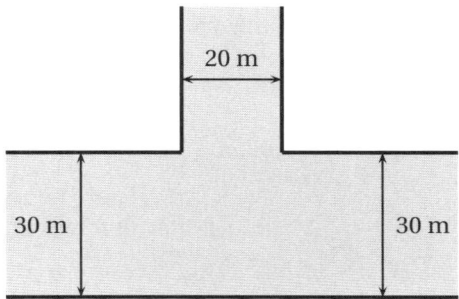

Abbildung 3.10: Kanal mit Abzweigung.

mit zwei Konstanten k, c. Von einem bestimmten Auto gilt gemäss Werkangaben, dass $b(60) = 5.9$ und $b(80) = 8.7$. Wie gross sind c und k, und bei welcher Geschwindigkeit tritt der minimale Benzinverbrauch auf? Wie gross ist er?

3.5 Bei einer gewissen Sorte von zylinderförmigen Dosen kostet das Material für Deckel und Boden viermal so viel wie das Material für den Mantel. Die Dose soll 1 Liter fassen können. Wie müssen der Radius der Dose und ihre Höhe bemessen sein, damit die Materialkosten minimiert werden?

3.6 Welcher Punkt auf dem Graphen der Funktion

$$f(x) = \frac{x^2 + 1}{x}$$

liegt am nächsten beim Ursprung?

3.7 Ein Kanal, der 30 m breit ist, hat eine rechtwinklige, 20 m breite Abzweigung (siehe Abbildung 3.10). Wie lang darf ein schwimmender Baumstamm höchstens sein, damit er abbiegen kann?

3.8 (a) Gesucht ist ein Polynom p von minimalem Grad, so dass

$$p(2) = 1, \quad p'(2) = -3, \quad p''(2) = 0, \quad p'''(2) = 2, \quad p''''(2) = -4.$$

(b) *Knacknuss:* Weiter ist ein Polynom (minimalen Grades) gefragt, welches zusätzlich zu den obigen Bedingungen die Bedingung $p(3) = 1$ erfüllt.

3.9 Berechnen Sie die Taylorentwicklungen der folgenden Funktionen in der Nähe von $x = 0$:

(a) $f(x) = \sin(x)$

(b) $f(x) = \cos(x)$

(c) $f(x) = e^{x^2}$

(d) $f(x) = \frac{x}{1+x}$

(e) $f(x) = \frac{1}{1-x^2}$

(f) $f(x) = (x + a)^n$,
    mit a reell und n in $\mathbb{N}$.

Verwenden Sie geeignete Konvergenzkriterien, um festzustellen, für welche Werte von x diese Reihen konvergieren.

3.10 Berechnen Sie die Taylorentwicklung von $\ln(x)$ in der Nähe des Punktes $x = 1$. Für welche x konvergiert die Reihe?

3.11 (a) Betrachten Sie die Funktion $f(x) = x^2 - 2$. Führen Sie einige Schritte der Newton-Raphson-Methode durch, ausgehend vom Startwert $x_0 = 2$, um die Nullstelle $\sqrt{2}$ von f numerisch zu bestimmen. Zeichnen Sie ausserdem den Graphen von f und die Linearisierungen von f bei den Näherungslösungen x_0, x_1, x_2. Geben Sie eine geometrische Interpretation des Newton-Raphson-Verfahrens.

   (b) Wiederholen Sie (a) mit dem Sekantenverfahren und mit den Startwerten $x_0 = 0$ und $x_1 = 2$. Geben Sie auch hier eine geometrische Interpretation.

3.12 Betrachten Sie die Funktion
$$g(x) = x^3 - x.$$

(a) Bestimmen Sie alle Nullstellen von g von Hand.

(b) Schreiben Sie die Newton-Raphson-Methode für dieses Problem auf.

(c) Führen Sie die Newton-Raphson-Methode mit dem Startwert $x_0 = \frac{1}{\sqrt{3}}$ durch. Was geschieht?

(d) Führen Sie zwei Schritte der Newton-Raphson-Methode mit Startwert $x_0 = \frac{1}{\sqrt{5}}$ durch. Was fällt Ihnen auf?

(e) Beheben Sie die Schwierigkeiten in (c) und (d) durch die Wahl eines besseren Startwerts und führen Sie drei Iterationen durch. Gegen welche Nullstelle strebt die Näherungsfolge (dies hängt vom Startwert ab)?

3.13 Wir lösen die Gleichung

$$e^x - 100 = 0.$$

(a) Formulieren Sie das Newton-Raphson-Verfahren für dieses Problem.

(b) Lösen Sie die Gleichung exakt. Experimentieren Sie numerisch mit einer ersten Näherung, die relativ weit weg von der exakten Lösung ist, z. B. mit $x_0 = 20$. Kommentieren Sie das beobachtete Konvergenzverhalten.

3.14 Die Funktion

$$f(x) = x(x-2)^2$$

ist gegeben.

(a) Führen Sie einige Schritte mit dem Newton-Raphson-Verfahren durch. Wählen Sie als Startwert $x_0 = 5$.

(b) Betrachten Sie nun die modifizierte Newton-Raphson-Methode

$$x_{j+1} = x_j - 2\frac{f(x_j)}{f'(x_j)}, \qquad j = 0, 1, 2, 3, \ldots, \quad x_0 = 5.$$

Vergleichen Sie das Konvergenzverhalten mit der Näherungsfolge aus (a). Wie können Sie Ihre Beobachtung erklären?

3.15 Betrachten Sie den symmetrischen Differenzenquotienten

$$D_{f,x_0}(\Delta x) = \frac{f(x_0 + \Delta x) - f(x_0 - \Delta x)}{2\Delta x}.$$

Finden Sie Zahlen α und β, so dass

$$\alpha D_{f,x_0}(\Delta x) + \beta D_{f,x_0}(2\Delta x) - f'(x_0) = c_1(\Delta x)^r + c_2(\Delta x)^{r+1} + \ldots,$$

mit Konstanten c_1, c_2 und einem möglichst hohen Exponenten r. Sie erhalten damit eine neue Regel zur numerischen Berechnung der Ableitung. Welche? Was ist r?

Die hier angewandte Technik, die *Richardson-Extrapolation* genannt wird, ist ein beliebtes Mittel, um aus einem gegebenen numerischen Verfahren (hier dem symmetrischen Differenzenquotienten) eine Methode mit höherer Genauigkeit zu entwickeln. Interpretieren Sie Ihr Resultat im Rahmen dieser Bemerkung.

3.16 (a) Von einer Funktion f sind die folgenden Werte bekannt:

x	0.0	0.1	0.2	0.3	0.4	0.5
$f(x)$	1.0	1.1	0.9	0.7	1.0	0.9

Bestimmen Sie die Werte der Ableitung von f für die obigen x-Werte näherungsweise. Verwenden Sie, wo immer möglich, den symmetrischen Differenzenquotienten (ansonsten benutzen Sie einen einseitigen Differenzenquotienten).

(b) Finden Sie eine Regel zur numerischen Berechnung der zweiten Ableitung. Stellen Sie dazu die zweite Ableitung als linksseitigen Differenzenquotienten der ersten Ableitung dar. Ersetzen Sie nun alle ersten Ableitungen durch rechtsseitige Differenzenquotienten.

(c) Wenden Sie die Formel aus (b) an, um die Werte

$$f''(0.1), \quad f''(0.2), \quad f''(0.3), \quad f''(0.4)$$

für die Funktion f aus (a) näherungsweise zu berechnen.

Kapitel 4

Integralrechnung II

In diesem Abschnitt präsentieren wir den Hauptsatz der Integral- und Differential-rechnung. Er stellt den Zusammenhang zwischen Integralen und Ableitungen her. In Vorbereitung auf dieses Resultat leiten wir eine nützliche Mittelwerteigenschaft her.

4.1 Eine Mittelwertformel

Ein Massenpunkt hat zur Zeit t die Geschwindigkeit $v(t)$. Wie gross ist seine *durch-schnittliche* Geschwindigkeit $\overline{v}$ über einen gegebenen Zeitbereich $a \leq t \leq b$? Wie beim bestimmten Integral unterteilen wir die Zeitdauer von $t = a$ bis $t = b$ in n gleich grosse Abstände der Länge $\Delta t = {}^{(b-a)}\!/n$ und bestimmen das *arithmetische Mittel* $\overline{v}_n$ der entsprechenden Funktionswerte (siehe Abbildung 4.1):

$$
\begin{aligned}
\overline{v}_n &= \frac{1}{n}\Big(v(a) + v(a+\Delta t) + v(a+2\Delta t) + v(a+3\Delta t) \\
&\quad + \cdots + v(a+(n-2)\Delta t) + v(a+(n-1)\Delta t)\Big) \\
&= \frac{1}{n}\sum_{j=0}^{n-1} v(a+j\Delta t).
\end{aligned}
$$

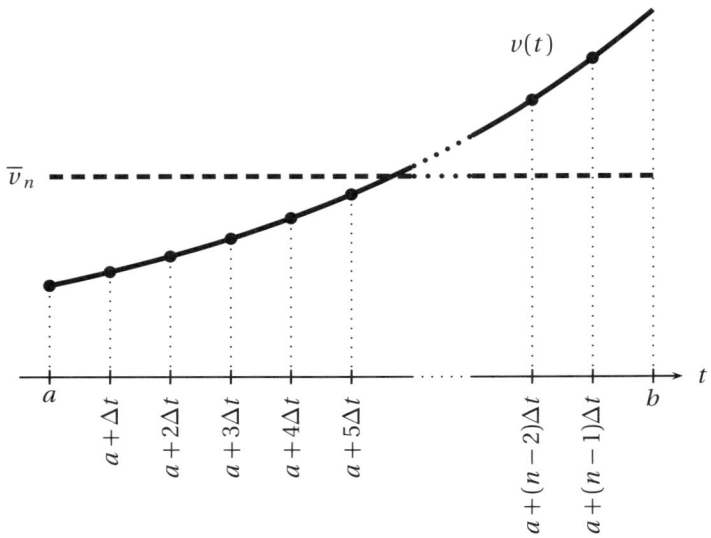

Abbildung 4.1: Mittelwert einer Funktion.

Wir schreiben dies noch etwas um:

$$\overline{v}_n = \frac{1}{b-a}\frac{b-a}{n}\sum_{j=0}^{n-1}v(a+j\Delta t) = \frac{1}{b-a}\Delta t\sum_{j=0}^{n-1}v(a+j\Delta t).$$

Der Mittelwert wird mit wachsendem n immer genauer. Ausserdem erkennen wir im vorherigen Ausdruck eine Riemann-Summe. Der Grenzwert von $\overline{v}_n$ mit $n \to \infty$ ergibt dann

$$\overline{v} = \lim_{n\to\infty}\overline{v}_n = \frac{1}{b-a}\int_a^b v(t)\,\mathrm{d}t.$$

Beispiel 4.1 Ein Massenpunkt wird losgelassen und fällt auf den Boden. Er startet zum Zeitpunkt $t = 0$ und kommt zur Zeit $t = T$ am Boden an. Seine Geschwindigkeit ist gegeben durch

$$v(t) = g\,t,$$

wobei g die Erdbeschleunigung bezeichnet; siehe (1.2). Die Durchschnittsge-schwindigkeit des Massenpunktes ist dann gegeben durch

$$\overline{v} = \frac{1}{T}\int_0^T v(t)\,\mathrm{d}t = \frac{1}{T}\int_0^T g\,t\,\mathrm{d}t = \frac{g}{T}\int_0^T t\,\mathrm{d}t = \frac{g}{T}\frac{T^2}{2} = \frac{1}{2}g\,T.$$

$\square$

Die obige Formel gilt ganz allgemein:

Eine Funktion $f = f(x)$ hat auf einem Bereich $a \le x \le b$ den Mittelwert

$$\overline{f} = \frac{1}{b-a}\int_a^b f(x)\,\mathrm{d}x.$$

Bemerkung 4.2 Geometrisch entspricht die Mittelwertformel einer Rektangulie-rung der Fläche unter dem Graphen der zu mittelnden Funktion im betrachteten Bereich. So ist die Fläche unter dem Graphen von f im Bereich $a \le x \le b$ gleich der Fläche eines Rechtecks mit der Breite $b - a$ und der Höhe $\overline{f}$:

$$\int_a^b f(x)\,\mathrm{d}x = (b-a)\overline{f}.$$

Wir stellen diese Tatsache in Abbildung 4.2 grafisch dar.

4.2 Hauptsatz

Wir haben im vorherigen Abschnitt gesehen, dass sich die durchschnittliche Ge-schwindigkeit eines Massenpunktes in einem Zeitbereich $a \le t \le b$ durch die For-mel

$$\overline{v} = \frac{1}{b-a}\int_a^b v(t)\,\mathrm{d}t \tag{4.3}$$

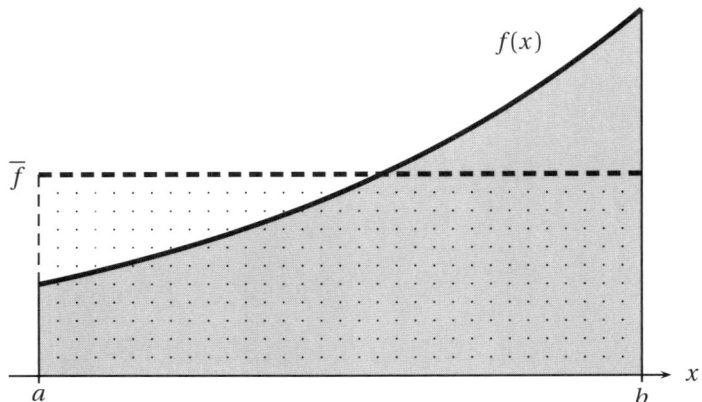

Abbildung 4.2: Geometrische Interpretation des Mittelwerts einer Funktion.

berechnen lässt, wobei $v(t)$ seine Geschwindigkeit zum Zeitpunkt t ist. Nehmen wir nun an, der Massenpunkt bewege sich auf der x-Achse entsprechend einer Positionsfunktion $x = x(t)$. Seine Durchschnittsgeschwindigkeit im Zeitbereich $a \leq t \leq b$ lässt sich dann auch berechnen als

$$\overline{v} = \frac{x(b) - x(a)}{b - a},$$

also das Verhältnis zwischen der im Zeitintervall $a \leq t \leq b$ bestrittenen Positionsdifferenz $x(b) - x(a)$ und der verstrichenen Zeit $b - a$. Mit (4.3) ergibt sich die Gleichheit

$$\frac{x(b) - x(a)}{b - a} = \frac{1}{b - a} \int_a^b v(t) \, dt,$$

und somit

$$x(b) - x(a) = \int_a^b v(t) \, dt. \tag{4.4}$$

Nun erinnern wir uns daran, dass die Geschwindigkeit gleich der Ableitung der Positionsfunktion ist, d. h.

$$v(t) = x'(t). \tag{4.5}$$

Dies impliziert die Formel

$$x(b) - x(a) = \int_a^b x'(t)\,\mathrm{d}t. \tag{4.6}$$

Diese Formel gilt ganz allgemein und bildet den ersten Teil des Hauptsatzes.

Nun gehen wir zurück zu (4.4) und ersetzen die obere Grenze b des Integrals durch einen beliebigen Zeitpunkt t. Das bestimmte Integral wird dann selbst eine Funktion der Zeit t. Wir sprechen in diesem Fall von einer **Integralfunktion**. Es gilt:

$$x(t) - x(a) = \int_a^t v(\tau)\,\mathrm{d}\tau,$$

oder

$$x(t) = x(a) + \int_a^t v(\tau)\,\mathrm{d}\tau.$$

Hier haben wir den Namen der "Integrationsvariablen" geändert, um einen Konflikt mit der Bezeichnung der oberen Schranke zu vermeiden. Ableiten dieser Gleichung nach t, auf beiden Seiten, ergibt

$$x'(t) = \frac{\mathrm{d}}{\mathrm{d}t}\left[x(a) + \int_a^t v(\tau)\,\mathrm{d}\tau\right] = \frac{\mathrm{d}}{\mathrm{d}t}\left[\int_a^t v(\tau)\,\mathrm{d}\tau\right],$$

da $x(a)$ eine konstante Grösse ist. Mit (4.5) folgt

$$v(t) = \frac{\mathrm{d}}{\mathrm{d}t}\left[\int_a^t v(\tau)\,\mathrm{d}\tau\right].$$

Diese Formel ist der zweite Teil des Hauptsatzes.

Wir fassen die obigen Beobachtungen zusammen:

Hauptsatz der Integral- und Differentialrechnung: Gegeben ist eine stetige Funktion f auf einem Bereich $a \leq x \leq b$. Dann gilt:

1. Die Integralfunktion

$$I_f(x) = \int_a^x f(y)\,\mathrm{d}y \tag{4.7}$$

   ist differenzierbar, und es gilt $I'_f = f$.

2. Insbesondere lässt sich eine differenzierbare Funktion F auf dem Definitionsbereich $a \leq x \leq b$ finden mit $F' = f$. Eine solche Funktion F heisst
   Stammfunktion von f.

3. Falls f differenzierbar ist, dann ist die Formel

$$f(b) - f(a) = \int_a^b f'(x)\,dx$$

erfüllt.

Bemerkung 4.8 Die praktische Bedeutung der obigen Formeln liegt darin, dass
bestimmte Integrale in vielen Beispielen ohne Grenzwertbildung von Riemann-
Summen berechnet werden können: Angenommen, eine Stammfunktion F von f
ist bekannt. Dann gilt wegen (2) und (3) im Hauptsatz, dass

$$\int_a^b f(x)\,dx = \int_a^b F'(x)\,dx = F(b) - F(a).$$

Das Integrieren beschränkt sich hier auf zwei Funktionsauswertungen. Dies ist eine
entscheidende Grundlage für Computeralgebrasysteme (CAS).

Es ist allerdings wichtig zu bemerken, dass es nicht für alle Funktionen möglich ist, explizit eine Stammfunktion aufzuschreiben. Ein bekanntes Beispiel ist die
Funktion

$$f(x) = \exp(x^2).$$

Zwar ist die Konstruktion einer Stammfunktion mit Hilfe der Formel (4.7) theoretisch möglich, beispielsweise durch

$$F(x) = \int_0^x \exp(y^2)\,dy,$$

man kann aber zeigen, dass sich das obige Integral nicht durch die bekannten Ele-
mentarfunktionen ausdrücken lässt. Hier stellen numerische Verfahren eine gute
Alternative zum Auswerten von bestimmten Integralen dar.

Mit Hilfe der Ableitungstabelle 3.1 lassen sich nun einige der bekannten Funk-
tionstypen leicht integrieren.

Beispiel 4.9 Wir berechnen

$$\int_0^\pi \sin(x)\,dx.$$

Es gilt $[\cos(x)]' = -\sin(x)$ und somit $[-\cos(x)]' = \sin(x)$. Daher

$$\int_0^\pi \sin(x)\,dx = \int_0^\pi [-\cos(x)]'\,dx = -\cos(\pi) - (-\cos(0)) = 1 - (-1) = 2.$$

□

Beispiel 4.10 Wir integrieren

$$\int_1^2 3^x\,dx.$$

Wir haben $[3^x]' = \ln(3)3^x$ und deshalb $\left[\frac{1}{\ln(3)}3^x\right]' = 3^x$. Somit erhalten wir

$$\int_1^2 3^x\,dx = \int_1^2 \left[\frac{1}{\ln(3)}3^x\right]'\,dx = \frac{1}{\ln(3)}3^2 - \left(\frac{1}{\ln(3)}3^1\right) = \frac{6}{\ln(3)}.$$

□

Beispiel 4.11 Wir berechnen das bestimmte Integral

$$\int_2^5 e^{3x}\,dx.$$

Gesucht ist eine Funktion F mit

$$F'(x) = e^{3x}.$$

Dies gilt beispielsweise für

$$F(x) = \frac{1}{3}e^{3x}.$$

Eine andere Möglichkeit ist

$$F(x) = \frac{1}{3}e^{3x} + 1234,$$

denn die Konstante 1234 verschwindet beim Ableiten von F. Wir erhalten also

$$\int_2^5 e^{3x}\,dx = F(5) - F(2) = \frac{1}{3}\left(e^{15} - e^6\right).$$

□

Bemerkung 4.12 Das obige Beispiel zeigt, dass es für eine Funktion immer unendlich viele Stammfunktionen gibt. Genauer können wir zu jeder Stammfunktion eine beliebige Konstante addieren und erhalten sofort eine weitere Stammfunktion. Es drängt sich die Frage auf: Unterscheiden sich zwei verschiedene Stammfunktionen immer höchstens durch eine Konstante? Wir untersuchen diesen Punkt etwas genauer: Angenommen, F_1 und F_2 seien zwei Stammfunktionen einer Funktion f (wobei alle Funktionen auf einem Definitionsbereich $a \leq x \leq b$ gegeben sind), d. h. $F_1' = F_2' = f$. Weiter definieren wir die Funktion

$$G(x) = F_1(x) - F_2(x).$$

Es gilt dann

$$G'(x) = (F_1(x) - F_2(x))' = F_1'(x) - F_2'(x) = f(x) - f(x) = 0$$

für jeden Punkt x im Definitionsbereich. Mit Verweis auf Abschnitt 3.4 in Kapitel 3 folgt dann, dass G eine konstante Funktion sein muss, d. h.

$$G(x) = C$$

für eine Konstante C und alle Punkte x im Definitionsbereich. Aus der Definition von G ergibt sich jetzt, dass

$$F_1(x) = F_2(x) + C$$

für alle x im Definitionsbereich. Damit wird klar, dass sich zwei Stammfunktionen einer Funktion auf einem Bereich $a \leq x \leq b$ immer nur durch eine additive Konstante unterscheiden.

Anwendung 4.13 (Trägheitsgesetz)

Das Trägheitsprinzip nach Galileo Galilei (1564–1642) besagt, dass ein Körper in Ruhe oder in einer gleichförmigen, geradlinigen Bewegung bleibt, wenn er nicht durch eine von aussen auf ihn einwirkende Kraft beschleunigt wird.

Wir beschreiben dieses Prinzip mathematisch. Es sei $x(t)$ die Position des Körpers zum Zeitpunkt $t \geq 0$, $v(t) = x'(t)$ seine Geschwindigkeit und $a(t) = x''(t)$ seine Beschleunigung. Die Annahme, dass der Körper nicht beschleunigt wird, übersetzt sich durch die Tatsache, dass

$$x''(t) = 0$$

ist für alle Zeiten $t \geq 0$. Mit dem Hauptsatz, Teil (3), folgt:

$$v(t) - v(0) = x'(t) - x'(0) = \int_0^t \underbrace{x''(\tau)}_{=0} \, \mathrm{d}\tau = 0$$

und somit

$$v(t) = v(0)$$

für alle Zeitpunkte $t \geq 0$. Diese Gleichung besagt, dass die Geschwindigkeit des Körpers zu jedem Zeitpunkt gleich seiner Anfangsgeschwindigkeit $v(0)$, also insbesondere konstant, ist. Genau gleich folgern wir:

$$x(t) - x(0) = \int_0^t x'(\tau) \mathrm{d}\tau = \int_0^t \underbrace{v(\tau)}_{=v(0)} \mathrm{d}\tau = t \cdot v(0).$$

Damit erhalten wir die Formel

$$x(t) = x(0) + v(0) \cdot t.$$

Hier steht $x(0)$ für die anfängliche Position des Körpers. Die Positionsfunktion $x = x(t)$ des unbeschleunigten Körpers ist also linear, was, wie im Trägheitsgesetz postuliert, einer gleichförmigen Bewegung entspricht. $\diamond$

4.3   Integrationsregeln

Aus den Ableitungsregeln in Abschnitt 3.2 ergeben sich einige wichtige Integrationsregeln. Die Summenregel und die Regel bzgl. Multiplikation mit einer Konstanten resultieren in den Grundeigenschaften (2.8) und (2.9) des bestimmten Integrals. Ferner folgen aus der Produkt- und Kettenregel für Ableitungen die Regeln über "partielle Integration" bzw. "Substitution" für Integrale.

Partielle Integration: Für das Produkt zweier ableitbarer Funktionen f und g gilt

$$[f(x)g(x)]' = f'(x)g(x) + f(x)g'(x).$$

Wir integrieren diese Identität auf beiden Seiten über einen Bereich $a \leq x \leq b$:

$$\int_a^b [f(x)g(x)]' \, \mathrm{d}x = \int_a^b [f'(x)g(x) + f(x)g'(x)] \, \mathrm{d}x.$$

Mit dem Hauptsatz lässt sich das erste Integral einfach auswerten:

$$f(b)g(b) - f(a)g(a) = \int_a^b [f'(x)g(x) + f(x)g'(x)] \, \mathrm{d}x$$

$$= \int_a^b f'(x)g(x) \, \mathrm{d}x + \int_a^b f(x)g'(x) \, \mathrm{d}x.$$

Es folgt:

$$\int_a^b f(x)g'(x)\,\mathrm{d}x = f(b)g(b) - f(a)g(a) - \int_a^b f'(x)g(x)\,\mathrm{d}x.$$ \qquad (4.14)

Beispiel 4.15 Wir berechnen

$$\int_1^4 x e^x \,\mathrm{d}x.$$

Dazu wählen wir

$$f(x) = x, \qquad g(x) = e^x,$$

und damit

$$f'(x) = 1, \qquad g'(x) = e^x.$$

Einsetzen in die obige Formel ergibt

$$\int_1^4 \underbrace{x}_{f(x)} \underbrace{e^x}_{g'(x)} \,\mathrm{d}x = \underbrace{4e^4}_{f(4)g(4)} - \underbrace{e^1}_{f(1)g(1)} - \int_1^4 \underbrace{1}_{f'(x)} \cdot \underbrace{e^x}_{g(x)} \,\mathrm{d}x = 4e^4 - e^1 - \int_1^4 e^x \,\mathrm{d}x.$$

Es gilt $[e^x]' = e^x$ und deshalb

$$\int_1^4 e^x \,\mathrm{d}x = e^4 - e^1.$$

Jetzt können wir das gesuchte Integral berechnen:

$$\int_1^4 x e^x \,\mathrm{d}x = 4e^4 - e^1 - (e^4 - e^1) = 3e^4.$$

$\square$

Die Identität (4.14) ist besonders dann hilfreich, wenn das Integral auf der rechten Seite einfacher zu berechnen ist als das gesuchte Integral auf der linken Seite. Dass diese Methode nicht nur bei Produktfunktionen nützlich sein kann, zeigt das folgende Beispiel.

Beispiel 4.16 Gesucht ist der Wert von

$$\int_1^2 \ln(x)\,\mathrm{d}x.$$

Wir schreiben dies in der Form

$$\int_1^2 \ln(x) \cdot 1 \, dx$$

und definieren

$$f(x) = \ln(x), \qquad g(x) = x,$$

mit

$$f'(x) = \frac{1}{x}, \qquad g'(x) = 1.$$

Mit der Formel für partielle Integration folgt

$$\int_1^2 \ln(x) \, dx = 2\ln(2) - \ln(1) - \int_1^2 x \cdot \frac{1}{x} \, dx$$

$$= 2\ln(2) - \int_1^2 1 \, dx = 2\ln(2) - (2-1) = 2\ln(2) - 1,$$

da $\ln(1) = 0$. $\qquad\qquad\qquad\qquad\qquad\qquad\qquad\qquad\square$

Substitutionsregel: Wir betrachten zwei beliebige stetige Funktionen f und g, wobei g differenzierbar ist, und definieren eine dritte (differenzierbare) Funktion

$$\varphi(x) = \int_a^x f(y) \, dy.$$

Die Kettenregel für Ableitungen (3.10) besagt, dass

$$[\varphi(g(x))]' = \varphi'(g(x)) g'(x).$$

Integrieren auf beiden Seiten führt, unter Verwendung des Hauptsatzes, zu:

$$\varphi(g(b)) - \varphi(g(a)) = \int_a^b \varphi'(g(x)) g'(x) \, dx.$$

Die linke Seite dieser Gleichung kann man, wiederum mit Hilfe des Hauptsatzes, wie folgt schreiben:

$$\varphi(g(b)) - \varphi(g(a)) = \int_{g(a)}^{g(b)} \varphi'(y) \, dy.$$

Deshalb

$$\int_{g(a)}^{g(b)} \varphi'(y)\,dy = \int_a^b \varphi'(g(x))g'(x)\,dx.$$

Mit dem Hauptsatz gilt weiter, dass $\varphi'(x) = f(x)$ und daher

$$\int_a^b f(g(x))g'(x)\,dx = \int_{g(a)}^{g(b)} f(y)\,dy. \qquad (4.17)$$

Die Substitutionsregel findet oft dann Anwendung, wenn eine verknüpfte Funktion integriert werden soll. Sie ist dann praktisch, wenn neben der verknüpften Funktion zusätzlich ein Faktor auftritt, welcher sich als Ableitung eines "inneren Teilterms" der verknüpften Funktion interpretieren lässt.

Beispiel 4.18 Wir berechnen das Integral

$$\int_0^1 e^{\sin(x)}\cos(x)\,dx =?$$

Zunächst erkennen wir, dass $[\sin(x)]' = \cos(x)$. Hier übernimmt die Sinusfunktion die Rolle eines "inneren" Terms, und es bietet sich in der Substitutionsformel (4.17) die folgende Wahl an:

$$f(y) = e^y, \qquad y = g(x) = \sin(x).$$

Es folgt:

$$\int_0^1 e^{\sin(x)}\cos(x)\,dx = \int_{\sin(0)}^{\sin(1)} e^y\,dy = \int_0^{\sin(1)} e^y\,dy.$$

Wegen $[e^y]' = e^y$ ist

$$\int_0^1 e^{\sin(x)}\cos(x)\,dx = \int_0^{\sin(1)} [e^y]'\,dy = e^{\sin(1)} - e^0 = e^{\sin(1)} - 1.$$

das gesuchte Resultat.   □

Beispiel 4.19 Gesucht ist der Wert des bestimmten Integrals

$$\int_0^\pi x\cos(x^2)\,dx.$$

Die "innere" Funktion ist hier x^2. Wir wählen

$$f(y) = \cos(y), \qquad y = g(x) = x^2,$$

mit

$$g'(x) = 2x.$$

Wir sehen, dass der Faktor x im gesuchten Integral *nicht* der Ableitung der inneren Funktion $g(x) = x^2$ entspricht. Damit die Substitutionsregel dennoch angewendet werden kann, schreiben wir

$$\int_0^\pi x \cos(x^2)\,\mathrm{d}x = \frac{1}{2} \int_0^\pi (2x) \cos(x^2)\,\mathrm{d}x.$$

Jetzt erhalten wir:

$$\int_0^\pi x \cos(x^2)\,\mathrm{d}x = \frac{1}{2} \int_0^\pi \underbrace{\cos(x^2)}_{f(g(x))} \underbrace{2x}_{g'(x)}\,\mathrm{d}x = \frac{1}{2} \int_{g(0)}^{g(\pi)} \cos(y)\,\mathrm{d}y.$$

Um das letzte Integral auszuwerten, benötigen wir eine Stammfunktion von $\cos(y)$. Mit Blick auf Table 3.1 ist dies beispielsweise $\sin(y)$. Also,

$$\int_0^\pi x \cos(x^2)\,\mathrm{d}x = \frac{1}{2}(\sin(g(\pi)) - \sin(g(0))) = \frac{1}{2}(\sin(\pi^2) - \sin(0^2)) = \frac{1}{2}\sin(\pi^2).$$

$\square$

Anwendung 4.20 (Kinetische Energie)

Ein Massenpunkt mit Masse m wird aus der Ruhe heraus auf eine Geschwindigkeit v beschleunigt. Wie viel Arbeit W ist dazu notwendig?

Lösung: Wir nehmen an, dass sich der Beschleunigungsvorgang in einem Zeitbereich $0 \leq t \leq T$ abspielt und dass die Position des Massenpunktes zur Zeit t durch eine Funktion $x(t)$ gegeben ist. Die Beschleunigung geschieht durch das Wirken einer Kraft $F = F(x)$, welche von der Position x des Massenpunktes abhängen kann. Die auf einer kurzen Wegstrecke Δx geleistete Arbeit ΔW ist dann

$$\Delta W(x) \approx F(x)\Delta x.$$

Aufsummieren über die gesamte Positionsveränderung von $x(0)$ (Anfangsposition zur Zeit $t = 0$) bis $x(T)$ (Endposition zum Zeitpunkt $t = T$) und Grenzwertbildung mit $\Delta x \to 0$ ergibt eine Riemann-Summe für die geleistete Arbeit (siehe beispielsweise Übung 2.6). Wir schreiben kurz:

$$W = \lim_{\Delta x \to 0} \sum \Delta W = \lim_{\Delta x \to 0} \sum F(x) \Delta x = \int_{x(0)}^{x(T)} F(x)\,\mathrm{d}x.$$

Nun ist die Kraft F bekanntermassen das Produkt aus der Masse m und ihrer Beschleunigung x'': $F(x) = mx''$. Genauer ist die Position $x = x(t)$ abhängig von der Zeit t (ebenso wird die zweite Ableitung von x bzgl. t verstanden), d. h. wir sollten

$$F(x(t)) = mx''(t)$$

schreiben. Die geleistete Arbeit kann dann auch als Integral über die Zeitvariable t ausgedrückt werden. Mit Hilfe der Substitutionsregel (4.17) gilt nämlich:

$$W = \int_{x(0)}^{x(T)} F(x)\,\mathrm{d}x = \int_0^T F(x(t))x'(t)\,\mathrm{d}t = m \int_0^T x''(t)x'(t)\,\mathrm{d}t.$$

Unter Benutzung der Kettenregel (3.10) der Differentialrechnung bemerken wir, dass

$$\left[\frac{1}{2}\left(x'(t)\right)^2 \right]' = x''(t)x'(t)$$

und daher

$$W = m \int_0^T \left[\frac{1}{2}\left(x'(t)\right)^2 \right]' \,\mathrm{d}t = \frac{1}{2}m \int_0^T \left[\left(x'(t)\right)^2 \right]' \,\mathrm{d}t.$$

Der Hauptsatz impliziert jetzt:

$$W = \frac{1}{2}m \left((x'(T))^2 - (x'(0))^2 \right).$$

Da der Massenpunkt anfänglich in Ruhe ist, ist seine Anfangsgeschwindigkeit gleich null, d. h. $x'(0) = 0$. Die erreichte Geschwindigkeit zum Zeitpunkt $t = T$ ist als $x'(T) = v$ vorausgesetzt. Also folgt:

$$W = \frac{1}{2}mv^2.$$

Dies ist die kinetische Energie eines Massenpunktes mit Masse m und Geschwindigkeit v. $\diamondsuit$

4.4 Übungsaufgaben

4.1 Gegeben ist eine Funktion $f = f(x)$ in einem Bereich $a \leq x \leq b$. Wie gross ist der durchschnittliche Wert ihrer Ableitung im gegebenen Bereich? Interpretieren Sie das Resultat.

4.2 Die Krümmung μ des Graphen einer Funktion f ist gegeben durch

$$\mu(x) = \frac{f''(x)}{\left(1 + f'(x)^2\right)^{3/2}}.$$

(a) Wie gross ist die Krümmung der oberen Halbkreislinie (mit Radius R), welche gegeben ist durch den Graphen der Funktion

$$f(x) = \sqrt{R^2 - x^2}, \qquad -R \leq x \leq R?$$

(b) Wie gross ist die *durchschnittliche* Krümmung der Funktion $f(x) = e^x$ im Bereich von 0 bis 1?

4.3 Es gibt verschiedene Möglichkeiten, eine Funktion f, die auf einem Bereich $a \leq x \leq b$ gegeben ist, durch eine konstante Funktion zu approximieren. Eine Variante ist die konstante Taylorapproximation f_0 (in einem bestimmten Punkt), die wir in Kapitel 3 kennengelernt haben. Eine Alternative ist die sogenannte *(konstante) L^2-Projektion*. Die Funktion f wird hier auf dem Bereich $a \leq x \leq b$ durch eine Funktion f_0 so approximiert, dass das Integral

$$\int_a^b (f(x) - f_0)^2 \, \mathrm{d}x$$

minimal wird. Leiten Sie eine Formel für f_0 her. Was stellen Sie fest?

4.4 Die Anzahl Stunden $h(t)$ Tageslicht pro Tag in Madrid wird näherungsweise beschrieben durch

$$h(t) = 12 + 2.4 \sin(0.0172(t - 80)).$$

Hier bezeichnet t die Anzahl Tage seit Jahresbeginn, $0 \leq t \leq 365$. Wie gross ist die durchschnittliche Tageslichtdauer in Madrid

(a) im Januar?

(b) über das ganze Jahr hinweg?

4.5 Zur (vereinfachten) Modellierung der Aufnahme eines oral verabreichten Medikaments ins Blut werden gelegentlich *Bateman-Funktionen* verwendet. Sie haben die Form

$$K(t) = \frac{\alpha\gamma}{\alpha - \beta}\left(e^{-\beta t} - e^{-\alpha t}\right), \qquad t \geq 0.$$

Hier bezeichnet $K(t)$ die Konzentration des Medikaments im Blut zu einer Zeit t nach Einnahme, und α, β, γ sind situationsabhängige Parameter. Wir betrachten den Modellfall

$$\alpha = 0.8, \quad \beta = 0.4, \quad \gamma = 25 \text{ mg/Liter}.$$

(a) Skizzieren Sie die Funktion $K(t)$ grob.

(b) Wann ist die Konzentration im Blut am höchsten?

(c) Die Wirkung des Medikaments sei vernachlässigbar, wenn die Konzentration unter 4.5 mg/Liter sinkt. Wann geschieht dies, und wie gross ist die mittlere Konzentration bis zu diesem Zeitpunkt?

4.6 Die Funktion f ist stückweise gegeben durch

$$f(x) = \begin{cases} 1 - \frac{2}{3}x & \text{für } 0 \leq x \leq 1 \\ \frac{1}{3}x & \text{für } 1 \leq x \leq 3 \\ e^{x-3} & \text{für } 3 \leq x \leq 5. \end{cases}$$

(a) Skizzieren Sie den Graphen der Funktion f.

(b) Welches sind die Werte der bestimmten Integrale

$$\int_0^5 f(x)\,\mathrm{d}x \qquad \text{und} \qquad \int_{1/2}^2 f(x)\,\mathrm{d}x?$$

4.7 Beim radioaktiven Zerfall ist die Wahrscheinlichkeit $P(t)$, dass ein Atom nach einer Zeit t (nach Beginn des Zerfallprozesses) zerfallen ist, gegeben durch

$$P(t) = \int_0^t p(\tau)\,\mathrm{d}\tau.$$

Hier ist

$$p(t) = \gamma e^{-\gamma t},$$

wobei $\gamma > 0$ eine Konstante ist, eine sogenannte *Wahrscheinlichkeitsdichte*.

(a) Finden Sie eine explizite Formel für $P(t)$.

(b) Zu welchem Zeitpunkt ist die Hälfte der Atome zerfallen?

(c) Die durchschnittliche "Lebenserwartung" (statistisch: der Erwartungswert) eines Atoms ist durch das *uneigentliche* Integral

$$\mathbb{E} = \int_0^\infty t\, p(t)\, \mathrm{d}t$$

gegeben. Vergleichen Sie Ihr Resultat mit dem Ergebnis aus (b).

(d) Die statistische Standardabweichung ist gegeben durch

$$\sigma = \sqrt{\int_0^\infty (t - \mathbb{E})^2 p(t)\, \mathrm{d}t}.$$

Berechnen Sie σ.

Die uneigentlichen Integrale werden hier verstanden als Grenzwerte von bestimmten Integralen:

$$\int_0^\infty f(t)\, \mathrm{d}t = \lim_{x \to \infty} \int_0^x f(t)\, \mathrm{d}t.$$

4.8 Welches sind die Werte der folgenden bestimmten Integrale?

(a) $\displaystyle\int_0^1 (3x - 1)^5\, \mathrm{d}x$

(f) $\displaystyle\int_0^{2\pi} \cos(x)^2\, \mathrm{d}x$

(b) $\displaystyle\int_0^3 x e^{x^2}\, \mathrm{d}x$

(g) $\displaystyle\int_0^\pi \frac{\sin(x)}{1 + \cos(x)^2}\, \mathrm{d}x$

(c) $\displaystyle\int_0^1 x \cos(x)\, \mathrm{d}x$

(h) $\displaystyle\int_{-1}^1 e^x (1 + e^x)^{5/2}\, \mathrm{d}x$

(d) $\displaystyle\int_0^\pi e^x \sin(x)\, \mathrm{d}x$

(i) $\displaystyle\int_0^1 3^{\sqrt{x}}\, \mathrm{d}x$

(e) $\displaystyle\int_{-1}^1 \sin(x) \cos(x)\, \mathrm{d}x$

(j) $\displaystyle\int_0^2 \frac{x^2}{x^2 - 2x + 2}\, \mathrm{d}x$

(k) $\displaystyle\int_0^1 \sqrt{4-x^2}\,\mathrm{d}x$ (m) $\displaystyle\int_0^{2\pi} \sin(\alpha x)\cos(\beta x)\,\mathrm{d}x$

(l) $\displaystyle\int_0^{2\pi} \cos(\alpha x)\cos(\beta x)\,\mathrm{d}x$ (n) $\displaystyle\int_0^{2\pi} \sin(\alpha x)\sin(\beta x)\,\mathrm{d}x.$

In (l) bis (n) sind α und β beliebige natürliche Zahlen in $\mathbb{N}_0$.

4.9 Die Stammfunktion F einer Funktion f sei gegeben. Was ist der Wert des bestimmten Integrals

$$\int_a^b f(\alpha x + \beta)\,\mathrm{d}x =?$$

Hier sind a, b, α, β gegebene Konstanten.

4.10 (a) Berechnen Sie das bestimmte Integral

$$\int_{-1}^1 \frac{1}{4-x^2}\,\mathrm{d}x.$$

Zerlegen Sie dazu die zu integrierende Funktion in eine Summe der Form

$$\frac{1}{4-x^2} = \frac{?}{2-x} + \frac{?}{2+x}.$$

Diese Integrationstechnik nennt man *Integration durch Partialbruchzerlegung*.

(b) Berechnen Sie in ähnlicher Weise das Integral

$$\int_{-1}^1 \frac{2x+1}{x^2-5x+6}\,\mathrm{d}x.$$

4.11 Die Länge einer Kurve, welche durch den Graphen einer Funktion f in einem Bereich $a \le x \le b$ gegeben ist, berechnet sich als

$$L = \int_a^b \sqrt{1 + [f'(x)]^2}\,\mathrm{d}x.$$

Wie lang ist die Funktionskurve

$$f(x) = \sqrt{1-x^2}$$

im Bereich $0 \le x \le 1$? Versuchen Sie, die Antwort zu finden mit Hilfe

(a) einer geometrischen Überlegung.

(b) einer geeigneten Anwendung der Substitutionsregel.

Kapitel 5

Differentialgleichungen I: Modellieren

Differentialgleichungen sind sehr beliebte und viel benutzte Werkzeuge zur mathematischen Beschreibung von Anwendungen in verschiedensten Bereichen. Im Gegensatz zu algebraischen Gleichungen sind die Lösungen von Differentialgleichungen nicht Zahlen, sondern Funktionen. Sie beinhalten stets eine oder mehrere gesuchte Funktionen sowie deren Ableitungen.

Im folgenden Abschnitt zeigen wir, wie Differentialgleichungen beim Modellieren von Anwendungen entstehen können. Unser Schwerpunkt liegt hier nicht in einer allgemeinen Theorie. Wir beschränken uns auf einige einfache Beispiele, welche ein erstes Gefühl für die Bedeutung und Nützlichkeit von Differentialgleichungen beim Modellieren vermitteln sollen.

5.1 Festkörpermechanik

Ein wichtiger Anwendungsbereich von Differentialgleichungen ist die Mechanik (insbesondere die Bewegung) von festen Gegenständen. Hier bilden meistens die Newton'schen Gesetze (Sir Isaac Newton, 1642–1726) die Grundlage beim Modellieren:

1. Newton'sches Gesetz: Ein Körper bleibt in Ruhe oder in einer gleichförmigen Bewegung, wenn auf ihn keine Kräfte einwirken. Dies ist das Trägheitsgesetz von

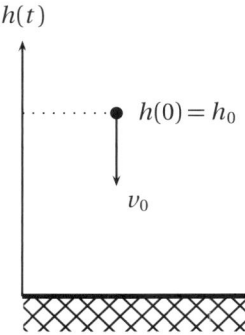

Abbildung 5.1: Freier Fall.

Galileo Galilei (siehe Anwendung 4.13).

2. Newton'sches Gesetz: Wirkt eine Kraft auf eine Masse ein, dann erfährt diese eine Beschleunigung, die in die Richtung der Kraft geht. Die Beschleunigung ist proportional zur wirkenden Kraft. Von Leonard Euler (1707–1783) stammt die Formel

$$\text{Kraft} = \text{Masse} \times \text{Beschleunigung}.$$

3. Newton'sches Gesetz: Kräfte treten immer paarweise auf. Zwei Körper üben aufeinander immer dieselbe (aber entgegengesetzt gerichtete) Kraft aus.

Anwendung 5.1 (Freier Fall)
Ein Massenpunkt wird zum Zeitpunkt $t = 0$ aus einer Höhe h_0 mit einer anfänglichen Geschwindigkeit v_0 senkrecht in Richtung Boden geworfen; siehe Abbildung 5.1. Wie gross ist seine Höhe $h(t)$ nach einer bestimmten Zeit t?

Lösung: Wir gehen ähnlich vor wie in Anwendung 4.13. Aus Kapitel 3 wissen wir, dass die Beschleunigung einerseits gleich der zweiten Ableitung $h''(t)$ der Positionsfunktion ist. Andererseits ist die Beschleunigung im gegebenen Beispiel gerade die Erdbeschleunigung $-g$. Das Minuszeichen begründet sich durch die Tatsache, dass die Erdbeschleunigung der Höhe $h(t)$ entgegenwirkt. Es ist also

$$h''(t) = -g. \tag{5.2}$$

Dies ist ein erstes Beispiel einer Differentialgleichung. Gesucht ist eine Funktion h, welche diese Gleichung erfüllt. Wir nennen sie Differentialgleichung von *2. Ordnung*, da die maximal auftretende Ableitungszahl gleich 2 ist. Ihre Lösung kann durch Integrieren gefunden werden. Mit dem Hauptsatz der Differential- und Integralrechnung gilt:

$$h'(t) - h'(0) = \int_0^t h''(\tau)\,\mathrm{d}\tau = \int_0^t -g\,\mathrm{d}\tau = -g\,t.$$

Die erste Ableitung von h ist die Geschwindigkeit des Massenpunktes. Zum Zeitpunkt $t = 0$ beträgt sie v_0, d. h.

$$h'(0) = v_0. \tag{5.3}$$

Deshalb folgt

$$h'(t) = v_0 - g\,t. \tag{5.4}$$

Erneutes Anwenden des Hauptsatzes ergibt

$$h(t) - h(0) = \int_0^t h'(\tau)\,\mathrm{d}\tau = \int_0^t (v_0 - g\,\tau)\,\mathrm{d}\tau = v_0\,t - \frac{1}{2}g\,t^2.$$

Die anfängliche Höhe ist

$$h(0) = h_0, \tag{5.5}$$

und somit:

$$h(t) = h_0 + v_0\,t - \frac{1}{2}g\,t^2.$$

Dies ist die gesuchte Lösung, was sich durch Einsetzen in die Gleichungen (5.2), (5.3), (5.5) leicht nachprüfen lässt. $\diamond$

Beispiel 5.6 Ein Massenpunkt befindet sich auf einer Höhe h_0 in Ruhe. Er wird losgelassen und fällt zu Boden (Höhe 0). Welche Geschwindigkeit hat er beim Aufprall?
Lösung: Zunächst bestimmen wir die Zeit T, welche der Massenpunkt benötigt, um die Höhe h_0 im freien Fall zurückzulegen. Wir verwenden die Formel aus der vorherigen Anwendung 5.1:

$$h(t) = h_0 + v_0\,t - \frac{1}{2}g\,t^2.$$

Hier entspricht $h(t) = 0$ der Bodenhöhe, welche der Massenpunkt nach der Flugzeit $t = T$ erreicht. Zum Zeitpunkt $t = 0$ ist $v_0 = 0$, da der Massenpunkt aus der Ruhelage losgelassen wird. Damit folgt

$$0 = h_0 - \frac{1}{2}g\,T^2,$$

und deshalb

$$T = \sqrt{\frac{2h_0}{g}}.$$

Die Geschwindigkeit beim Aufprall ist dann mit Formel (5.4) durch

$$h'(T) = -gT = -\sqrt{2gh_0}$$

gegeben.   □

Anwendung 5.7 (Federbewegung)

Eine waagerechte Feder mit angehängter Masse m wird aus der Ruhelage $x = 0$ in die Position $x = d$ ausgezogen und losgelassen; siehe Abbildung 5.2. Wie wird die Position $x(t)$ der Masse zum Zeitpunkt t beschrieben?

Lösung: Das Federgesetz von Hooke besagt, dass die Kraft F, welche die Feder auf die Masse ausübt, *proportional* zur Auslenkung aus der Ruhelage ist. Wenn also die Feder um eine Distanz x aus der Ruhelage ausgedehnt wird, wirkt die Kraft

$$F = -kx$$

auf die Masse. Hier ist $k > 0$ eine Proportionalitätskonstante (Federkonstante), die von der Beschaffenheit der Feder abhängt. Wie im vorherigen Beispiel führen wir hier ein Minuszeichen ein, da die auf die Masse wirkende Kraft der Ausdehnungsrichtung entgegengesetzt ist. Die Position der Masse hängt in unserem Problem von der Zeit ab, d. h., genauer schreiben wir

$$F = -kx(t).$$

Nach dem zweiten Newton'schen Gesetz ist diese Kraft aber auch gleich dem Produkt von Beschleunigung und Masse. Diese Beschleunigung ist die zweite Ableitung $x''(t)$ der gesuchten Positionsfunktion $x(t)$, d. h.

$$F = mx''(t).$$

Wir haben nun die Kraft auf zwei verschiedene Arten dargestellt und erhalten daher folgende Gleichung:

$$mx''(t) = -kx(t),$$

oder

$$x''(t) + \frac{k}{m}x(t) = 0. \tag{5.8}$$

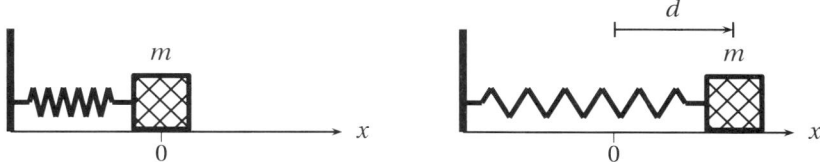

Abbildung 5.2: Feder mit Masse.

Diese Gleichung werden wir später in Kapitel 7 lösen. Dabei werden wir feststellen, dass die Lösung nicht nur durch die Differentialgleichung allein, sondern auch durch die Anfangssituation bestimmt ist. Letztere wird beschrieben durch die zwei Bedingungen

$$x(0) = d, \qquad x'(0) = 0. \tag{5.9}$$

Die erste Bedingung bedeutet, dass die Position der Masse zum Zeitpunkt $t = 0$ gleich d beträgt (d. h., die Feder ist um eine Distanz d ausgezogen). Die zweite Bedingung bedeutet, dass die anfängliche Geschwindigkeit der Masse gleich null ist (dies ist immer dann der Fall, wenn wir einen Gegenstand nicht anstossen, sondern einfach nur loslassen). ◇

Anwendung 5.10 (Pendelschwingung)
In Abbildung 5.3 ist ein Pendel dargestellt. Es besteht aus einem masselosen Faden der Länge ℓ, an welchem eine Masse m hängt. Das Pendel ist an der Decke fixiert und schwingt hin und her (mit gestrecktem Faden). Wir suchen eine Differentialgleichung für den zeitabhängigen Auslenkungswinkel $\alpha = \alpha(t)$. Hierbei definieren wir, wie in der Mathematik üblich, den Gegenuhrzeigersinn als positive Bewegungsrichtung.

Lösung: Wie in den bisherigen Anwendungen werden wir die Kraft, die die Beschleunigung der Masse m bewirkt, auf zwei verschiedene Arten darstellen und daraus eine Gleichung ableiten:

1. Die Kraft, welche das Pendel in Bewegung bringt, ist die Erdanziehungskraft $m\,g$ (hier vernachlässigen wir das Gewicht des Fadens). Entsprechend der Abbildung 5.3 wird diese Kraft aufgespalten in einen Anteil $F^{\parallel}$, welcher tangential zur Bewegungsbahn wirkt, und einen Anteil $F^{\perp}$, der orthogonal zur Bewegungsbahn steht. Für die Pendelbewegung ist allein die Kraft $F^{\parallel}$ bestimmend. Ein wenig Trigonometrie ergibt:

$$F^{\parallel} = -m\,g\,\sin(\alpha(t)).$$

Das Minuszeichen zeigt an, dass die Kraft $F^{\parallel}$ der Bewegungsrichtung entgegengesetzt ist.

2. Wir bestimmen die Beschleunigung der Masse und daraus die auf sie wirkende Kraft. In einer kurzen Zeitspanne $\Delta t > 0$ von t bis $t + \Delta t$ legt die Masse den Weg

$$\Delta s = \ell(\alpha(t + \Delta t) - \alpha(t))$$

zurück. Die Durchschnittsgeschwindigkeit in diesem Zeitraum beträgt

$$\frac{\Delta s}{\Delta t} = \ell \frac{\alpha(t + \Delta t) - \alpha(t)}{\Delta t}.$$

Die momentane Geschwindigkeit $v(t)$ zum Zeitpunkt t ergibt sich dann als der Grenzwert

$$v(t) = \lim_{\Delta t \to 0} \ell \frac{\alpha(t + \Delta t) - \alpha(t)}{\Delta t} = \ell \alpha'(t).$$

Unter Verwendung der Tatsache, dass sich die Beschleunigung $a(t)$ der Masse zum Zeitpunkt t als Ableitung der Geschwindigkeit berechnet, erhalten wir

$$a(t) = [v(t)]' = \ell \alpha''(t).$$

Nach dem zweiten Newton'schen Gesetz ist die Kraft, welche auf die Masse wirkt, gegeben als

$$m a(t) = m \ell \alpha''(t).$$

Gleichsetzen dieser zwei Darstellungen der beschleunigenden Kraft,

$$F^{\parallel} = m \ell \alpha''(t) = -m g \sin(\alpha(t)),$$

führt zur *Pendelgleichung*:

$$\alpha''(t) + \frac{g}{\ell} \sin(\alpha(t)) = 0. \tag{5.11}$$

Auch hier legen wir die Anfangskonfiguration fest. Beispielsweise könnte man

$$\alpha(0) = \alpha_0, \qquad \alpha'(0) = 0$$

vorgeben. Dies bedeutet, dass das Pendel am Anfang bis zum Winkel α_0 ausgelenkt ($\alpha(0) = \alpha_0$) und dann losgelassen wird ($\alpha'(0) = 0$, Anfangsgeschwindigkeit gleich null). $\diamondsuit$

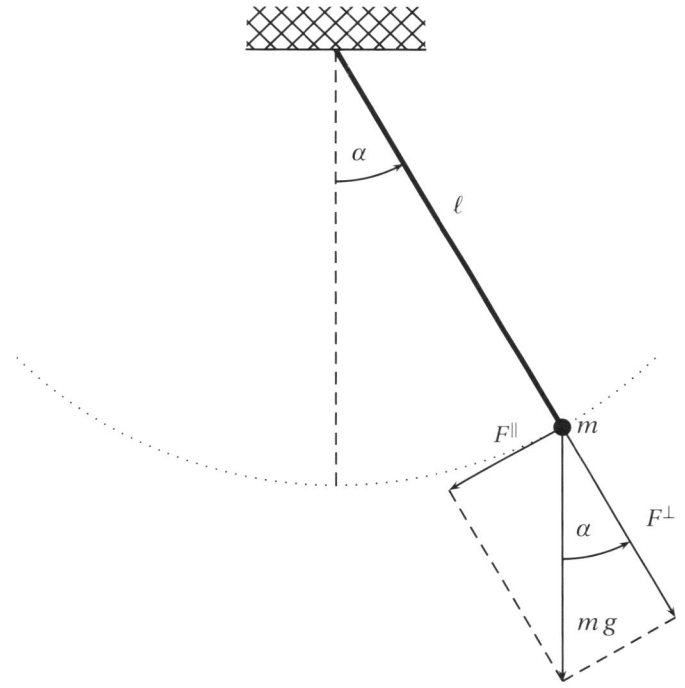

Abbildung 5.3: Pendelschwingung.

Die obigen Beispiele zeigen eine gemeinsame Technik beim Modellieren auf. Diese zeichnet sich dadurch aus, dass die wirkenden Kräfte jeweils auf zwei verschiedene Arten dargestellt werden: Einerseits verwenden wir die *generelle* Formel $F = m x''(t)$, andererseits wird ein Ausdruck für die wirkende Kraft hergeleitet, welcher sich aus der *spezifischen* Situation ergibt. Durch Gleichsetzen entsteht dann eine Differentialgleichung.

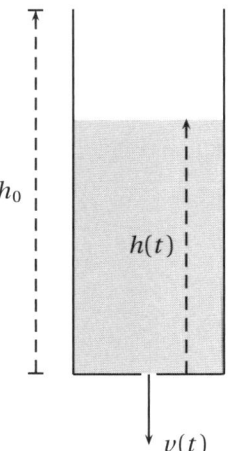

h_0

$h(t)$

$v(t)$

Abbildung 5.4: Entleerung eines Gefässes.

5.2 Fluidmechanik

Nicht nur bei der Bewegung von Festkörpern, sondern auch in der Mechanik von Flüssigkeiten spielen Differentialgleichungen eine grosse Rolle. Ein einfach zugängliches Beispiel soll dies illustrieren.

Anwendung 5.12 (Torricellis Gesetz)

Ein Gefäss enthält Flüssigkeit. Am Boden gibt es ein Loch, durch welches die Flüssigkeit ausströmt. Das Gesetz von Torricelli besagt: Die Geschwindigkeit, mit welcher die Flüssigkeit ausfliesst, ist gleich der Geschwindigkeit eines Flüssigkeitspartikels, welches die Distanz von der Flüssigkeitsoberfläche bis zur Austrittsöffnung im *freien Fall* durchläuft.

Wir betrachten den speziellen Fall eines zylinderförmigen Gefässes mit Grundfläche A und Höhe h_0, welches vollständig mit Wasser gefüllt ist. Zum Zeitpunkt $t = 0$ wird ein kreisförmiges Loch mit Radius r im Boden geöffnet. Wie verhält sich die Höhe $h(t)$ des Wasserspiegels im Gefäss zur Zeit $t \geq 0$?

Lösung: Wir bestimmen zuerst die Austrittsgeschwindigkeit $v(t)$ des Wassers bei der Bodenöffnung. Nach dem Gesetz von Torricelli ist sie gleich der Geschwindigkeit eines über die Distanz $h(t)$ (Höhe des Wassers) fallenden Partikels. Mit Hilfe von Beispiel 5.6 folgt:

$$v(t) = \sqrt{2gh(t)}.$$

Hier lassen wir das Minuszeichen weg, da wir nur am Betrag der Geschwindigkeit und nicht an ihrer Richtung interessiert sind.

Nun betrachten wir eine kleine Zeitspanne von t bis $t + \Delta t$ und überlegen, was während dieser Dauer passiert:

1. Einerseits nimmt das Wasservolumen im Zylinder ab, und zwar um

$$Ah(t) - Ah(t + \Delta t).$$

2. Andererseits tritt ein bestimmtes Flüssigkeitsvolumen bei der Öffnung im Boden aus. Dieses Volumen ist ebenfalls zylinderförmig mit Grundfläche $r^2\pi$. Die Höhe des Volumens ist die Distanz, welche die Flüssigkeit während der Zeit Δt durchläuft, d. h. $v(t)\Delta t$. Daher tritt während der Zeit Δt ein Volumen von

$$r^2\pi v(t)\Delta t = r^2\pi\sqrt{2gh(t)}\Delta t$$

Flüssigkeit aus.

Es folgt die Gleichung

$$Ah(t) - Ah(t + \Delta t) = r^2\pi\sqrt{2gh(t)}\Delta t.$$

Umformen ergibt

$$\frac{h(t + \Delta t) - h(t)}{\Delta t} = -\frac{r^2\pi\sqrt{2g}}{A}\sqrt{h(t)}.$$

Mit $\Delta t \to 0$ erhalten wir die Differentialgleichung

$$h'(t) = -\mu\sqrt{h(t)},$$

wobei

$$\mu = \frac{r^2\pi\sqrt{2g}}{A} \tag{5.13}$$

eine konstante Grösse ist. Die Situation am Anfang beschreiben wir durch $h(0) = h_0$. $\diamond$

5.3 Mischungsprobleme

Anwendung 5.14 (Salzwasser)
Ein Tank ist zum Zeitpunkt $t = 0$ mit 100 Litern Wasser gefüllt. Nun fliessen pro Minute 5 Liter Salzwasser in den Tank, welches eine Konzentration von 10 g Salz pro Liter enthält. Gleichzeitig treten 5 Liter Flüssigkeit pro Minute aus dem Tank aus, so dass das Flüssigkeitsvolumen im Tank konstant bleibt; siehe Abbildung 5.5. Unter der Annahme, dass das Salzwasser im Tank gut gemischt wird, stellen wir die Frage: Wie gross ist die Konzentration an Salz im Tank in Abhängigkeit von der Zeit t?

Lösung: Wir bezeichnen die Salzkonzentration im Tank zur Zeit t mit $k(t)$ (gemessen in g pro Liter). Der Salzgehalt $S(t)$ (in g) zur Zeit t ist dann

$$S(t) = 100k(t).$$

Nach einer kurzen Zeit Δt ändert sich der Salzgehalt:

1. Einerseits fliessen $5\Delta t$ Liter Flüssigkeit in den Tank, die 10 g Salz pro Liter enthält. Insgesamt sind dies $50\Delta t$ g Salz.

2. Andererseits fliessen $5\Delta t$ Liter mit $k(t)$ g Salz pro Liter ab. Darin sind $5k(t)\Delta t$ g Salz enthalten.

Die Salzbilanz während der Zeitdauer Δt beträgt daher

$$S(t + \Delta t) - S(t) = +50\Delta t - 5\Delta t\, k(t)$$

und daraus

$$100k(t + \Delta t) - 100k(t) = \Delta t(50 - 5k(t)).$$

Es folgt

$$\frac{k(t + \Delta t) - k(t)}{\Delta t} = \frac{1}{20}(10 - k(t)),$$

woraus wir mit $\Delta t \to 0$ die Differentialgleichung

$$k'(t) = \frac{1}{20}(10 - k(t))$$

für die Salzkonzentration $k(t)$ erhalten. Am Anfang gibt es noch kein Salz im Tank, d. h. $k(0) = 0$. $\diamond$

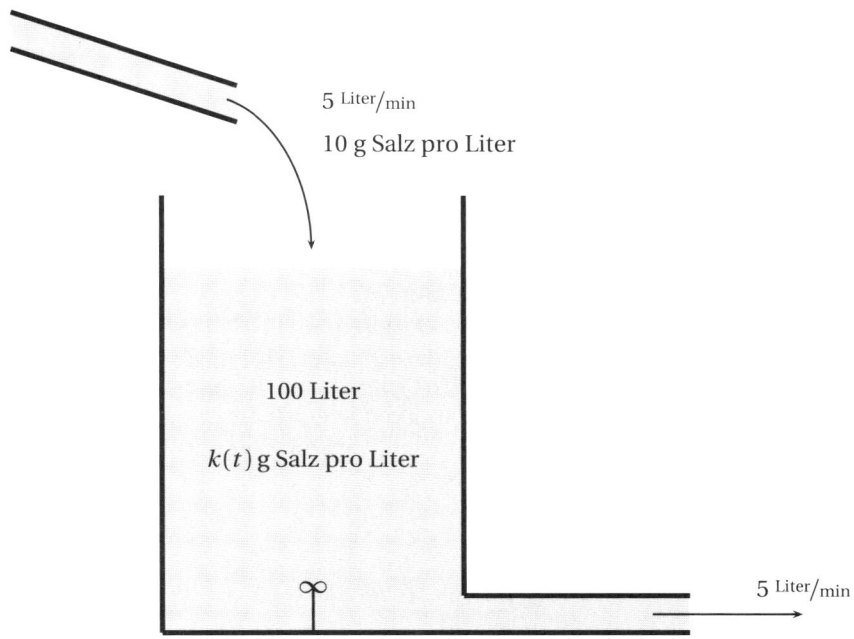

Abbildung 5.5: Salzwassertank.

Die Anwendungen 5.12 und 5.14 zeigen eine weitere Modellierungstechnik auf: Ausgehend von der Frage "Was passiert während eines sehr kleinen Zeitabschnitts Δt?", wird die Bilanz der gesuchten Grösse (Differenz von nachher und vorher) innerhalb dieser Zeitspanne auf zwei verschiedene Arten ausgedrückt. Durch anschliessendes Gleichsetzen und Grenzwertbilden (mit $\Delta t \to 0$) entsteht eine Differentialgleichung.

5.4   Wachstumsprozesse

Das Modellieren von Wachstums- und Zerfallsprozessen ist ein sehr weitläufiges Gebiet. In der Tat treten Wachstumsvorgänge an vielen Orten auf, zum Beispiel in der Biologie, in der Physik oder in der Wirtschaft. Wir präsentieren hier eines der elementarsten Wachstumsmodelle: das exponentielle Wachstum (resp. der exponentielle Zerfall). Dieses Modell bildet die Basis für viele andere Wachstumsmodelle. Anhand des logistischen Wachstums zeigen wir eine von *vielen* Möglichkeiten auf, es in der Praxis auszubauen.

Anwendung 5.15   (Exponentielles Wachstum)
Bei der Neubesiedlung von Territorien vermehren sich viele Bevölkerungen (Menschen, Tiere, Pflanzen) proportional zu ihrer aktuellen Grösse. Wir modellieren dieses Verhalten mathematisch. Dazu sei $N(t)$ die Anzahl der Individuen in einer Bevölkerung zur Zeit t. Die momentane Änderung der Bevölkerung wird durch $N'(t)$ beschrieben. Diese beiden Grössen sind laut Annahme proportional, d. h., es gibt einen Proportionalitätsfaktor r, so dass

$$N'(t) = r N(t). \tag{5.16}$$

Dies ist die Differentialgleichung für das *exponentielle Wachstum*.

Für $r = 1$ gilt $N'(t) = N(t)$. Gesucht ist hier eine Funktion $N(t)$, die identisch zu ihrer Ableitung ist. Ein Blick auf Tabelle 3.1 zeigt, dass $N(t) = e^t$ ein geeigneter Kandidat ist. Tatsächlich ist auch $N(t) = c e^t$, wobei c eine Konstante bezeichnet, passend, denn

$$N'(t) = [c e^t]' = c[e^t]' = c e^t = N(t).$$

Wie gross ist c? Dazu bemerken wir, dass

$$N(0) = c e^0 = c,$$

d. h., c ist gerade die anfängliche Grösse der betrachteten Bevölkerung. Somit folgt

$$N(t) = N(0)e^t.$$

Falls r beliebig ist, dann lässt sich nachprüfen, dass

$$N(t) = N(0)e^{rt}$$

die Differentialgleichung 5.16 löst. Es gilt:

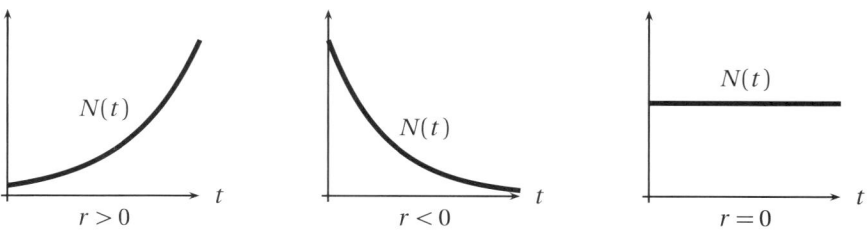

Abbildung 5.6: Exponentielles Wachstumsmodell.

$r > 0$: die Population wächst exponentiell schnell,
$r < 0$: die Population zerfällt exponentiell schnell,
$r = 0$: die Population bleibt konstant.

Die Graphen zu diesen drei verschiedenen Fällen sind in Abbildung 5.6 dargestellt.

Oftmals spricht man in der Praxis von *relativem* Wachstum. Damit ist die momentane Veränderung der Bevölkerungszahl *pro Individuum* gemeint, d. h. der Wert von $N'(t)/N(t)$. Diese Grösse wird auch *Wachstumsrate* genannt. Für das exponentielle Wachstum gilt

$$\frac{N'(t)}{N(t)} = r,$$

d. h., die Wachstumsrate ist konstant.

Anwendung 5.17 (Logistisches Wachstum)
Das exponentielle Wachstumsmodell ist aus verschiedenen Gründen unrealistisch. Beispielsweise geht es davon aus, dass der Lebensraum im Fall $r > 0$ unbegrenzt ist und die Bevölkerung beliebig gross werden kann. Wir wollen das exponentielle Wachstumsmodell nun so erweitern, dass das Wachstum umso mehr "abgebremst" wird, je grösser die Bevölkerung wird. Dazu machen wir die Modell*annahme*, dass die Wachstumsrate die folgende Form hat:

$$\frac{N'(t)}{N(t)} = r\left(1 - \frac{N(t)}{K}\right).$$

Daraus ergibt sich die Differentialgleichung für das *logistische Wachstum*:

$$N'(t) = r N(t)\left(1 - \frac{N(t)}{K}\right). \tag{5.18}$$

Hier sind r und K positive Konstanten, wobei K üblicherweise, im Vergleich zur Anfangspopulation, sehr gross ist. Für eine kleine Bevölkerungszahl $N(t)$ gilt dann

$$\frac{N'(t)}{N(t)} = r\left(1 - \underbrace{\frac{N(t)}{K}}_{\approx 0}\right) \approx r,$$

d. h., die Population wächst exponentiell schnell. Für eine grosse Bevölkerungszahl, d. h. $N(t) \approx K$, haben wir

$$\frac{N'(t)}{N(t)} = r\left(1 - \underbrace{\frac{N(t)}{K}}_{\approx 1}\right) \approx 0,$$

d. h., die Wachstumsrate ist sehr klein und die Individuenzahl ist nahezu stagnierend; siehe Abbildung 5.7. In der Tat lässt sich zeigen, dass die Bevölkerung nie grösser als K wird. Die Zahl K nimmt also die Rolle einer "maximalen Kapazität" des betrachteten Lebensraums ein.

Bei der Frage, ob logistisches Wachstum in der Realität auftritt, muss man, wie bei allen anderen Wachstumsmodellen, *vorsichtig* sein. Gewisse Bevölkerungsstatistiken belegen, dass in verschiedenen Regionen der Erde tatsächlich logistisches Wachstum in guter Näherung beobachtbar ist oder war; aber auch in solchen Fällen muss der zeitliche Geltungsbereich mit Vorsicht begrenzt werden. Insbesondere kann es zu falschen Voraussagen kommen, wenn man annimmt, dass sich eine momentan logistisch wachsende Population auch in der Zukunft nach dem gleichen Gesetz verhalten wird. Beispielsweise lässt sich zeigen, dass sich das Bevölkerungswachstum in den USA zwischen 1790 bis ungefähr 1910 recht gut durch ein logistisches Gesetz modellieren lässt. Die echten Daten nach 1910 stimmen aber mit den durch dieses Modell (mit den gleichen Parametern) vorausgesagten Zahlen immer schlechter überein. Für das Jahr 2010 ergibt sich zwischen Modell und Realität gar eine Differenz von ca. 100 Millionen Menschen. Es ist klar, dass ein einfaches Modell mit nur drei Parametern $N_0 = N(0)$, r, K keine langfristig zuverlässige Aussage machen kann, da es weder gesellschaftliche, noch kulturelle oder soziale Veränderungen voraussagen kann.   ◇

Bemerkung 5.19 Die langfristige Unzuverlässigkeit von Modellen in der Biologie lässt sich noch weiter kommentieren: Wer biologische Systeme genau beobachtet, entdeckt eine Vielfalt von Verhaltensmustern und komplexen Interaktionen. Verschiedene Arten unterscheiden sich meist im Verhalten innerhalb der eigenen Population, in ihren Migrationgewohnheiten, bei der Fortpflanzung, in der Art der

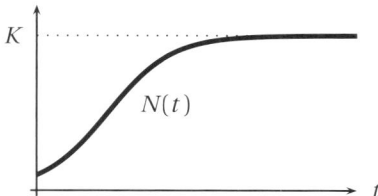

Abbildung 5.7: Logistisches Wachstumsmodell.

bevorzugten Nahrung, in der Anfälligkeit gegenüber Krankheiten, oder in der Anpassungsfähigkeit an die Lebensumstände. Diese ganze Vielfalt lässt sich mit mathematischen Mitteln nur schwer oder überhaupt nicht erfassen. Ausserdem setzt jede mathematische Formulierung, die auf dem Prinzip von Ursache und Wirkung basiert, voraus, dass bekannte Gesetzmässigkeiten vorliegen, welche sich messen und quantitativ beschreiben lassen. In der Biologie sind aber bereits die Modellparameter kaum je hinreichend genau bekannt, und es ist keine Theorie des Verhaltens in Sicht, die allgemein anerkannte Gleichungen, wie sie beispielsweise in der Physik gelten, liefern könnte. Mathematische Populationsmodelle sind bestenfalls als stark vereinfachende Beschreibungen einer komplexen Wirklichkeit zu betrachten. Der Frage, ob ein mathematisches Modell tatsächlich einen Ablauf in der Natur, zumindest ausreichend gut, beschreibt, kann eigentlich nur durch ausführliche Beobachtungen nachgegangen werden. Es genügt auch nicht, mathematische Modelle aufzustellen, die gewisse Phänomene widerspiegeln können; es ist ebenso wichtig solche Beobachtungen fundiert biologisch zu erklären.

5.5 Übungsaufgaben

5.1 Eine Feder wird an der Decke aufgehängt. An ihrem unteren Ende hängt eine Masse m. Nun wird die Feder aus der Ruhelage um eine Distanz d ausgezogen und losgelassen. Stellen Sie eine Differentialgleichung für die Position der Masse m in Abhängigkeit der Zeit t dar. Spezifizieren Sie die Anfangssituation.

5.2 Betrachten Sie die Feder aus Anwendung 5.7. Wir nehmen an, dass das Gleiten der Masse m auf dem Boden durch Reibungskräfte beeinträchtigt wird. Die Reibungskraft ist gegeben durch

$$F_R = \mu m g,$$

wobei g die Erdbeschleunigung und μ den Reibungskoeffizienten bezeichnet. Stellen Sie eine Differentialgleichung für die Position der Masse m auf und spezifizieren Sie eine mögliche Anfangssituation in Worten und Formeln.

5.3 Im elektrischen Kreislauf in Abbildung 5.8 ist eine Batteriespannung U_0 angelegt. Der dadurch entstehende Strom I fliesst durch einen Widerstand R, durch einen Kondensator mit Kapazität C und durch eine Spule mit Induktivität L. Jedes dieser Stromkreiselemente erzeugt eine Spannung, die wir mit U_R, U_C resp. mit U_L bezeichnen. Nach dem 2. Kirchhoff'schen Gesetz ist die Summe dieser Spannungen gleich gross wie die angelegte Spannung, d. h.

$$U_R + U_C + U_L = U_0.$$

Ausserdem gelten die folgenden Zusammenhänge:

- Fliesst ein Strom I durch einen Widerstand R, so liegt eine Spannung $U_R = RI$ vor.

- Die Spannung U_L, die in einer Spule mit Induktivität L entsteht, erfüllt die Relation

$$U_L = L\frac{\mathrm{d}I}{\mathrm{d}t}.$$

  Hier gehen wir davon aus, dass die Stromstärke $I = I(t)$ zeitabhängig ist.

- Zwischen dem Strom I und der im Kondensator gespeicherten Ladungsmenge Q gilt:

$$I(t) = \frac{\mathrm{d}Q(t)}{\mathrm{d}t}.$$

  Ausserdem gilt für die Spannung U_C im Kondensator mit Kapazität C, dass

$$Q(t) = C U_C(t).$$

(a) Stellen Sie eine Differentialgleichung für die Stromstärke $I(t)$ im Stromkreis auf.

(b) Bauen Sie den Kondensator aus dem Stromkreis aus. Wie lautet jetzt die Differentialgleichung? Nehmen Sie weiter an, dass die Spannung U_0 eingeschaltet ist und zum Zeitpunkt $t = 0$ ausgeschaltet wird. Können Sie eine explizite Darstellung für die Stromstärke $I(t)$, für $t \geq 0$, finden? Wir setzen voraus, dass die Stromstärke zur Zeit $t = 0$ gleich 1 Ampère beträgt.

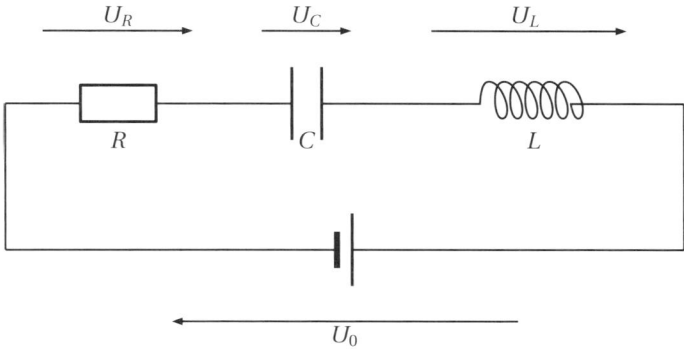

Abbildung 5.8: Stromkreis.

5.4 Wir betrachten einen Körper, zum Beispiel eine Kugel, der in einem ruhenden Medium fällt. Der Einfachheit halber seien die Erdanziehung g, die Dichte des Mediums und damit auch die Auftriebskraft A in Ort und Zeit konstant. Die Reibungskraft, die der Körper bei der Geschwindigkeit v erfährt, bezeichnen wir mit $R(v)$. Wir betrachten zwei Modellfälle:

   (i) Für die Bewegung einer Kugel in einer "zähen" Flüssigkeit (*laminare* Strömung) hat Stokes ein Widerstandsgesetz der Form $R(v) = c_1 v$ angegeben. Hier ist c_1 eine Konstante, in welche die Materialeigenschaften des Mediums und die Geometrie des Körpers eingehen.

   (ii) Newton hat davon ein Gesetz für den Widerstand in einer *turbulenten* Strömung abgeleitet. Es lautet: $R(v) = c_2 v^2$. Wiederum ist c_2 eine Konstante, welche die Geometrie des Körpers und Eigenschaften des Mediums zusammenfasst. Die Erfahrung zeigt, dass dieses Gesetz mit guter Näherung verwendet werden kann für die Bewegung von Körpern in Medien, die zu Wirbelbildung neigen, sofern die Geschwindigkeiten nicht in die Nähe der Schallgeschwindigkeit kommen.

Für ein Nebeltröpfchen ist Luft ein "zähes" Medium, für ein Hagelkorn ist sie es nicht. Welches der beiden Gesetze zur Anwendung kommt, entscheidet man in der Praxis durch Experimente oder anhand der Grösse der sogenannten *Reynoldszahl*. Diese hängt ab von der Grösse des betrachteten Körpers und vom Medium.

(a) Stellen Sie je eine Differentialgleichung für die Geschwindigkeit $v(t)$ eines Körpers in einer laminaren resp. in einer turbulenten Strömung auf.

(b) Wiederholen Sie die Aufgabe 5.1 unter der Annahme, dass sich die Masse m in zähflüssigem Öl befindet.

5.5 Ein Teich enthält zur Zeit $t = 0$ ein Volumen von 1'000'000 Litern Wasser und eine unbekannte Menge M einer unerwünschten Chemikalie. Pro Stunde fliessen 300 Liter Wasser, welche 0.01 g des chemischen Stoffes pro Liter enthalten, in den Teich. Ebenso fliessen 300 Liter Flüssigkeit pro Stunde aus dem Teich aus. Schreiben Sie eine Differentialgleichung für die Konzentration der Chemikalie zur Zeit t auf.

5.6 Eine Schale, die mit Wasser gefüllt ist, hat die Form einer Halbkugel mit Radius R. Am Boden wird ein kleines Loch mit Fläche A geöffnet, so dass Wasser ausfliesst. Stellen Sie eine Differentialgleichung für die Höhe h des Wasserspiegels auf.

5.7 Es schneit mit einer konstanten Menge Schnee pro Minute und Quadratmeter. Ein Schneepflug beginnt die Räumungsarbeiten um 12 Uhr. In der ersten Stunde fährt er 2 km weit, in der zweiten Stunde 1 km. Wir setzen voraus, dass die Geschwindigkeit des Schneepflugs umgekehrt proportional zur Höhe der Schneedecke ist. Stellen Sie eine Differentialgleichung für die Höhe $h(t)$ der Schneedecke auf. Wann hat es zu schneien begonnen?

5.8 Beim radioaktiven Zerfall ist die Änderung der Anzahl Atomkerne proportional zu der Anzahl Kerne, die noch vorhanden sind.

(a) Modellieren Sie den radioaktiven Zerfall mit Hilfe einer Differentialgleichung.

(b) Die C^{14}-Methode wird zur Altersbestimmung von alten Gegenständen eingesetzt. Man benutzt die Tatsache, dass das Isotop C^{14} in einem Organismus mit einer Halbwertszeit von 5760 Jahren zerfällt (d. h. nach 5760 Jahren ist nur noch die Hälfte des Isotops vorhanden). Im Nildelta wurde 1989 ein hölzerner Bootsbalken gefunden. Die Anzahl C^{14}-Isotope wurde im Vergleich zu einem lebenden Stück Holz auf 75% geschätzt. Berechnen Sie das ungefähre Alter des Balkens.

5.9 Die Temperatur $T = T(t)$ einer (aufgeheizten oder abgekühlten) Masse nimmt immer mehr die Temperatur T_U ihrer (weitläufigen) Umgebung an. Das Newton'sche Temperaturausgleichsgesetz besagt, dass die momentane Temperaturänderung proportional ist zum derzeitigen Temperaturunterschied $T(t) - T_U$ zwischen der Masse und der Umgebung. Modellieren Sie die Temperaturfunktion $T(t)$ mit Hilfe einer Differentialgleichung.

5.10 Einem Patienten wird per Infusion ein Medikament verabreicht. Pro Minute gelangen 0.1 mg ins Blut. Gleichzeitig baut die Niere pro Minute 5% der im Blut vorhandenen Medikamentenmenge ab. Stellen Sie eine Differentialgleichung für die momentane Medikamentenmenge $M(t)$ im Blut auf.

5.11 Eine Population ernähre sich von einer Ressource mit konstanter Gesamtgrösse R. Ein Teil A der Ressource sei frei verfügbar. Der restliche Teil $B = R - A$ sei bereits im Besitz von bestimmten Individuen der Population. Wir nehmen an, dass B (und somit auch A) von der Populationsgrösse N abhängt. Genauer stellen wir den einfachen Ansatz

$$B(N) = \gamma N, \tag{5.20}$$

auf, wobei $\gamma > 0$ eine Konstante ist. Wir nehmen an, dass die Wachstumsrate der Population von B abhängt, und zwar von der Form

$$\frac{N'(t)}{N(t)} = \alpha B(N(t)) - \beta, \tag{5.21}$$

mit Konstanten α, β.

(a) Erklären Sie die zwei Gleichungen (5.20) und (5.21).

(b) Zeigen Sie, dass hier ein logistisches Wachstumsmodell vorliegt.

(c) Bestimmen Sie die Werte der Parameter K und r im logistischen Modell (5.18).

5.12 F. E. Smith hat die Wachstumsrate von Populationen des Wasserflohs "Daphnia magna" abhängig von der Intensität der Nahrungsaufnahme beschrieben:

$$\frac{N'(t)}{N(t)} = r\left(1 - \frac{F}{K}\right).$$

Hier sind

- r die Rate eines anfänglich exponentiellen Wachstums,

- F die Intensität der Nahrungsaufnahme (d. h. die Nahrung, die N Tiere aufnehmen, ist gegeben durch $F \cdot N$),

- und K die maximale Kapazität des Lebensraums.

Weiter nahm er an, dass

$$F = c_1 N + c_2 N',$$
(5.22)

mit zwei konstanten Parametern c_1 und c_2.

(a) Erklären Sie den Ansatz für die Gleichung (5.22) der Intensität F.

(b) Leiten Sie die Differentialgleichung

$$N'(t) = r N(t) \left(\frac{L - N(t)}{L + \gamma N(t)} \right)$$

her, wobei $\gamma = \frac{r c_2}{c_1}$ und $L = \frac{K}{c_1}$.

(c) Betrachten Sie den Fall $c_2 = 0$ und zeigen Sie die Verwandtschaft des Modells zum logistischen Wachstumsmodell auf.

Kapitel 6

Komplexe Zahlen

Wir betrachten nochmals die Bewegungsgleichung zur Federschwingung aus Anwendung 5.7,

$$x''(t) + \frac{k}{m} x(t) = 0,$$

und setzen eine Lösung ähnlich wie beim exponentiellen Wachstum in Anwendung 5.15 an:

$$x(t) = C e^{\lambda t}. \tag{6.1}$$

Hier sind C, λ konstante Grössen. Einsetzen dieser "Lösung" in die Differentialgleichung ergibt

$$C\lambda^2 e^{\lambda t} + \frac{k}{m} C e^{\lambda t} = 0,$$

und daraus

$$C e^{\lambda t} \left(\lambda^2 + \frac{k}{m} \right) = 0.$$

Sicherlich ist diese Gleichung erfüllt, falls

$$\lambda^2 = -\frac{k}{m}. \tag{6.2}$$

Die Lösung dieser (algebraischen) Gleichung scheint unmöglich zu sein: In der Tat gilt für jede *reelle* Zahl λ, dass $\lambda^2 \geq 0$. Andererseits sind k und m positive Konstanten, so dass $-k/m < 0$. Somit kann es keine Zahl aus $\mathbb{R}$ geben, welche (6.2) erfüllt.

Die Unlösbarkeit von algebraischen Gleichungen ist an sich nichts Neues: Wer nur die natürlichen Zahlen $\mathbb{N}$ kennt, kann beispielsweise die Gleichung

$$\lambda + 1 = 0$$

nicht lösen, da er dazu ebenfalls Kenntnis der negativen ganzen Zahlen benötigt. Aber auch die Menge $\mathbb{Z} = \{\ldots, -2, -1, 0, 1, 2, \ldots\}$ der ganzen Zahlen reicht nicht, um die Lösung der Gleichung

$$2\lambda + 3 = 0$$

zu bestimmen, denn diese befindet sich in der Menge aller Bruchzahlen $\mathbb{Q}$. Diese Menge ist bereits sehr "reichhaltig". Dennoch gibt es Gleichungen, die innerhalb dieser Menge keine Lösung haben. Beispielsweise gibt es keine Bruchzahl, welche die Gleichung

$$\lambda^2 = 2$$

erfüllt. Abhilfe bringt die Erweiterung der Menge der Bruchzahlen auf die Menge $\mathbb{R}$ aller reellen Zahlen.

Diese "Kette von Erweiterungen" ist typisch für die Mathematik. Probleme, welche in einem gegebenen Kontext nicht lösbar sind, werden oftmals entweder geschickt umformuliert oder aber einer grösseren Lösungsmenge gegenübergestellt. Hierbei ist es nicht unüblich, dass neue Lösungsmengen abstrakt konstruiert werden. Sie sind dann passend, wenn sie einer gegebenen Problemklasse in "natürlicher" Weise entsprechen. Die obigen Beispiele zeigen, wie scheinbar unlösbare Gleichungen durch geschickte Erweiterungen von Zahlenmengen lösbar werden. Diesen Mengen liegt keine willkürliche Konstruktion zu Grunde, sondern sie werden (zusammen mit den Grundoperationen) so gewählt, dass Anwendungen damit sinnvoll beschrieben und bearbeitet werden können.

6.1   Eine neue Zahlenklasse

Wir werden nun die Menge der reellen Zahlen $\mathbb{R}$ so ausbauen, dass Gleichungen wie (6.2) lösbar werden und gleichzeitig unser natürliches Verständnis von $\mathbb{R}$ nicht gestört wird. Zahlen in der "neuen", erweiterten Menge heissen **komplexe Zahlen**. Ihre Gesamtmenge wird mit $\mathbb{C}$ bezeichnet.

Eine komplexe Zahl z ist ein *Tupel* von zwei reellen Zahlen a und b, welches wir als

$$z = (a|b), \qquad a, b \text{ in } \mathbb{R},$$

schreiben. Hier heisst a **Realteil** und b **Imaginärteil** von z. Üblich ist die Notation

$$a = \mathrm{Re}(z), \qquad b = \mathrm{Im}(z).$$

Falls a eine reelle Zahl ist, dann identifizieren wir sie eindeutig mit der komplexen Zahl $z = (a|0)$. Umgekehrt ist eine komplexe Zahl der Form $z = (a|0)$ identisch zur reellen Zahl a. Für reelle Zahlen gilt somit $\mathrm{Im}(z) = 0$. Damit ist der Bezug zur Menge $\mathbb{R}$ hergestellt: $\mathbb{R}$ identifizieren wir mit der Menge aller komplexen Zahlen, deren Imaginärteil verschwindet.

Um mit komplexen Zahlen rechnen zu können, definieren wir einige "Rechenregeln". Im Folgenden sind

$$z_1 = (a_1|b_1), \qquad z_2 = (a_2|b_2)$$

zwei beliebige komplexe Zahlen.

- *Addition* und *Subtraktion*:

$$z_1 + z_2 = (a_1|b_1) + (a_2|b_2) = (a_1 + a_2|b_1 + b_2),$$

  und

$$z_1 - z_2 = (a_1|b_1) - (a_2|b_2) = (a_1 - a_2|b_1 - b_2).$$

- *Multiplikation mit einer reellen Zahl r*:

$$r \cdot z_1 = r \cdot (a_1|b_1) = (ra_1|rb_1).$$

- Etwas ungewöhnlicher wirkt die *Multiplikation* von zwei komplexen Zahlen:

$$z_1 \cdot z_2 = (a_1|b_1) \cdot (a_2|b_2) = (a_1 a_2 - b_1 b_2|a_1 b_2 + a_2 b_1).$$

Beispiel 6.3 Es seien

$$z_1 = (2|3), \qquad z_2 = (1|-5).$$

Dann gilt

$$z_1 + z_2 = (3|-2), \qquad z_1 - z_2 = (1|8).$$

Weiter haben wir

$$(-3) \cdot (2|3) = (-6|-9),$$

und

$$z_1 \cdot z_2 = (2 \cdot 1 - 3 \cdot (-5)|2 \cdot (-5) + 3 \cdot 1) = (17|-7).$$

$\square$

Bemerkung 6.4

1. Die obigen Rechenregeln für die Menge $\mathbb{C}$ sind konsistent mit den Rechenregeln für reelle Zahlen, d. h., falls $b_1 = b_2 = 0$, dann sind die Rechenregeln
   auf $\mathbb{C}$ identisch mit jenen auf $\mathbb{R}$.

2. Die Rechenregeln für $\mathbb{C}$ erfüllen die auf $\mathbb{R}$ geltenden Eigenschaften der Kommutativität, Assoziativität und Distributivität der Grundoperationen:

   - *Kommutativität:*

   $$z_1 + z_2 = z_2 + z_1, \qquad z_1 \cdot z_2 = z_2 \cdot z_1.$$

   - *Assoziativität:*

   $$(z_1 + z_2) + z_3 = z_1 + (z_2 + z_3), \qquad (z_1 \cdot z_2) \cdot z_3 = z_1 \cdot (z_2 \cdot z_3).$$

   - *Distributivität:*

   $$z_1 \cdot (z_2 + z_3) = z_1 \cdot z_2 + z_1 \cdot z_3.$$

   Hier sind z_1, z_2, z_3 drei beliebige komplexe Zahlen.

Mit den Rechenregeln für komplexe Zahlen lässt sich jede Zahl $z = (a|b)$ in $\mathbb{C}$
wie folgt darstellen:

$$z = (a|b) = (a|0) + (0|b) = a \cdot (1|0) + b \cdot (0|1).$$

Da $(1|0)$ der reellen Zahl 1 entspricht, können wir schreiben:[1]

$$z = a + b \cdot (0|1).$$

Die komplexe Zahl $(0|1)$ hat keinen Realteil, denn $\mathrm{Re}(0|1) = 0$. In der Mathema-
tik wird sie meistens durch den Buchstaben i abgekürzt. Mit dieser Notation folgt
dann die häufig verwendete Schreibweise:

$$z = a + b \cdot i.$$

Die **Imaginärzahl** i hat die interessante Eigenschaft, dass

$$i^2 = (0|1) \cdot (0|1) = (-1|0) = -1.$$

Diese Relation wird von keiner reellen Zahl erfüllt.

---

[1] Genau genommen, ist diese Schreibweise etwas oberflächlich, da wir hier eine komplexe Zahl (also
ein Zahlentupel) mit einer reellen Zahl kombinieren. Die Gültigkeit dieser Darstellung basiert auf der
Tatsache, dass wir komplexe Zahlen mit verschwindendem Imaginärteil mit einer reellen Zahl *identifizieren* dürfen.

Beispiel 6.5 Wir wiederholen nochmals das vorherige Beispiel 6.3 und multiplizieren die beiden komplexen Zahlen

$$z_1 = 2 + 3i, \qquad z_2 = 1 - 5i.$$

Dies können wir durchführen, indem wir die folgenden Klammern in gewohnter Weise ausmultiplizieren:

$$z_1 \cdot z_2 = (2 + 3i) \cdot (1 - 5i) = 2 \cdot 1 + 2 \cdot (-5i) + 3i \cdot 1 + 3i \cdot (-5i)$$
$$= 2 - 10i + 3i - 15i^2 = 2 - 7i + 15 = 17 - 7i.$$

Dies ist, wie erwartet, dasselbe Ergebnis wie zuvor. □

Beispiel 6.6 Aus der Tatsache, dass $i^2 = -1$, ergeben sich zwei Lösungen der Gleichung (6.2), nämlich

$$\lambda = \pm i \cdot \sqrt{\frac{k}{m}}. \tag{6.7}$$

Tatsächlich gilt

$$\lambda^2 = \left(\pm i \cdot \sqrt{\frac{k}{m}} \right)^2 = i^2 \left(\pm \sqrt{\frac{k}{m}} \right)^2 = -\frac{k}{m}.$$

Im Zusammenhang mit der Bewegungsgleichung (5.8) und dem Lösungsansatz (6.1) bleibt natürlich die Frage, wie sich die Exponentialfunktion einer komplexen Zahl berechnet. Diesem Punkt gehen wir im nächsten Abschnitt nach. □

6.2 Die komplexe Exponentialfunktion

Für eine komplexe Zahl z lässt sich der entsprechende Wert der *komplexen Exponentialfunktion* durch die Reihe (3.24) definieren:

$$e^z := \sum_{j=0}^{\infty} \frac{z^j}{j!} = 1 + z + \frac{z^2}{2!} + \frac{z^3}{3!} + \dots \tag{6.8}$$

Mathematische Mittel erlauben es dann zu zeigen, dass diese Funktion ähnliche Eigenschaften wie die reelle Exponentialfunktion erfüllt. Insbesondere gilt für zwei beliebige komplexe Zahlen z_1, z_2, dass

$$e^{z_1} \cdot e^{z_2} = e^{z_1 + z_2}, \qquad (e^{z_1})^{z_2} = e^{z_1 \cdot z_2}.$$

Für eine komplexe Zahl $z = a + bi$ folgt dann

$$e^z = e^{a+bi} = e^a \cdot e^{ib} = e^{\text{Re}(z)} \cdot e^{i \, \text{Im}(z)}.$$

Die Zahl e^a ist reell, während die Zahl ib rein-imaginär ist, d. h. $\text{Re}(ib) = 0$. Das Auswerten der Exponentialfunktion für eine komplexe Zahl $z = a + bi$ lässt sich also aufteilen in zwei Teilprobleme: die Berechnung von e^a (reelle Exponentialfunktion) und die Bestimmung von e^{ib} (Exponentialfunktion für eine rein-imaginäre Zahl). Wir berechnen den letzteren Wert mit Hilfe der Exponentialreihe (6.8):

$$e^{ib} = \sum_{j=0}^{\infty} \frac{(ib)^j}{j!} = 1 + ib + \frac{(ib)^2}{2!} + \frac{(ib)^3}{3!} + \frac{(ib)^4}{4!} + \frac{(ib)^5}{5!} + \frac{(ib)^6}{6!} + \frac{(ib)^7}{7!} + \cdots$$

Mit

$$i^2 = -1, \qquad i^3 = -i, \qquad i^4 = 1, \qquad i^5 = i, \qquad i^6 = -1, \qquad i^7 = -i,$$

folgt:

$$e^{ib} = 1 + ib - \frac{b^2}{2!} - \frac{ib^3}{3!} + \frac{b^4}{4!} + \frac{ib^5}{5!} - \frac{b^6}{6!} - \frac{ib^7}{7!} \pm \cdots$$

$$= \left(1 - \frac{b^2}{2!} + \frac{b^4}{4!} - \frac{b^6}{6!} \pm \cdots\right) + i \cdot \left(b - \frac{b^3}{3!} + \frac{b^5}{5!} - \frac{b^7}{7!} \pm \cdots\right).$$

In Übung 3.9 (a) und (b) haben wir die Taylorreihen von sin und cos in der Nähe von 0 entwickelt. Dabei gilt:

$$\cos(b) = 1 - \frac{b^2}{2!} + \frac{b^4}{4!} - \frac{b^6}{6!} \pm \cdots, \qquad \sin(b) = b - \frac{b^3}{3!} + \frac{b^5}{5!} - \frac{b^7}{7!} \pm \cdots$$

Tatsächlich konvergieren diese Reihen für jeden beliebigen Wert gegen die entsprechenden cos- respektive sin-Werte.[2] Daraus folgt die berühmte Formel von Euler:

$$e^{ib} = \cos(b) + i\sin(b), \qquad \text{für } b \text{ in } \mathbb{R}. \tag{6.9}$$

Etwas allgemeiner gilt:

$$e^z = e^a(\cos(b) + i\sin(b))$$

für jede beliebige komplexe Zahl $z = a + ib$. Diese Formeln illustrieren den tiefen Zusammenhang zwischen Exponentialfunktionen und trigonometrischen Funktionen. Übrigens folgt für reelles z, d. h. $b = 0$, dass $e^z = e^a(\cos(0) + i\sin(0)) = e^a$, denn $\cos(0) = 1$ und $\sin(0) = 0$.

---

[2]Die Kosinus- und Sinusfunktionen werden hier *immer* im Bogenmass ausgewertet.

Beispiel 6.10 Was ist der Wert von

$$e^{1+i\pi} =?$$

Mit Eulers Formel gilt

$$e^{1+i\pi} = e^1(\cos(\pi)+ i \sin(\pi)).$$

Im Bogenmass haben wir $\cos(\pi) = -1$ und $\sin(\pi) = 0$ und deshalb

$$e^{1+i\pi} = e^1(-1 + i \cdot 0) = -e.$$

Auffallend an diesem Beispiel ist die Tatsache, dass der Wert der komplexen Exponentialfunktion *negativ* werden kann. Dies ist eine weitere Eigenschaft, welche im Reellen nicht gilt; für jede reelle Zahl a ist $e^a > 0$. $\square$

Beispiel 6.11 Der Lösungsansatz (6.1) mit λ aus (6.7) für die Differentialgleichung (5.8) führt auf eine Lösung der Form

$$x(t) = Ce^{\lambda t} = Ce^{\pm i \sqrt{\frac{k}{m}} t} = C\left(\cos\left(\pm\sqrt{\frac{k}{m}}t \right) + i \sin\left(\pm\sqrt{\frac{k}{m}}t \right) \right).$$

Wie sich daraus eine reellwertige Lösung gewinnen lässt, werden wir in Abschnitt 7.2 sehen. Es wird aber bereits hier deutlich, dass die Lösung oszillatorischen Charakter hat, wie wir dies aus der physikalischen Situation intuitiv erwarten. $\square$

Aus der Euler-Formel ergibt sich eine weitere Identität: Für eine natürliche Zahl n und eine reelle Zahl x gilt

$$e^{inx} = \cos(nx) + i \sin(nx),$$

aber auch

$$e^{inx} = \left(e^{ix} \right)^n = (\cos(x) + i \sin(x))^n.$$

Daraus folgt die Formel von Abraham De Moivre (1667–1754):

$$\cos(nx) + i \sin(nx) = (\cos(x) + i \sin(x))^n, \qquad \text{für } x \text{ in } \mathbb{R} \text{ und } n \text{ in } \mathbb{N}.$$

Beispiel 6.12 Wir wählen $n = 2$. Dann gilt nach der Formel von De Moivre:

$$\cos(2x) + i \sin(2x) = (\cos(x) + i \sin(x))^2 = (\cos(x)^2 - \sin(x)^2) + i(2\cos(x)\sin(x)).$$

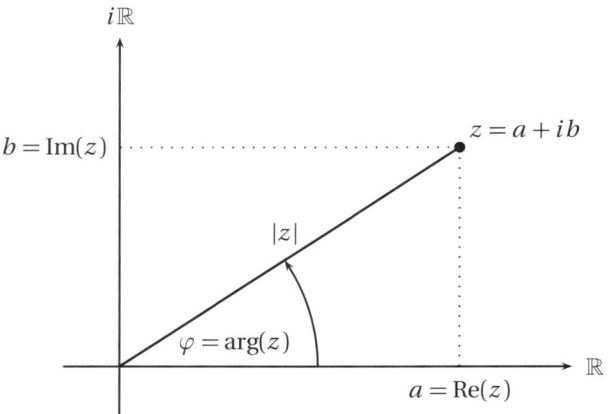

Abbildung 6.1: Grafische Darstellung einer komplexen Zahl.

Zwei komplexe Zahlen sind genau dann identisch, wenn ihre Real- und Imaginär-
teile übereinstimmen, d. h. wir erhalten

$$\cos(2x) = \cos(x)^2 - \sin(x)^2, \qquad \sin(2x) = 2\cos(x)\sin(x).$$

Dies sind die bekannten Doppelwinkelformeln für die Kosinus- und Sinusfunktionen.   □

6.3   Geometrische Darstellung

Es ist naheliegend, eine komplexe Zahl $z = a + ib = (a|b)$ mit einem Punkt mit Ko-
ordinaten (a, b) im zweidimensionalen Koordinatensystem zu identifizieren. Hierbei tragen wir auf der horizontalen Achse den Realteil und auf der vertikalen Achse
den Imaginärteil von z ab; siehe Abbildung 6.1. Wir bezeichnen diese Achsen mit $\mathbb{R}$
und $i\mathbb{R}$ und die Menge aller Punkte in diesem Koordinatensystem als **komplexe
Ebene**.

Der Abstand vom Ursprung zum "Punkt" z bezeichnen wir mit $|z|$. Diese Grösse
heisst **Betrag** der komplexen Zahl z und wird mit Hilfe des Satzes von Pythagoras
berechnet:

$$|z| = \sqrt{a^2 + b^2} = \sqrt{\mathrm{Re}(z)^2 + \mathrm{Im}(z)^2}.$$

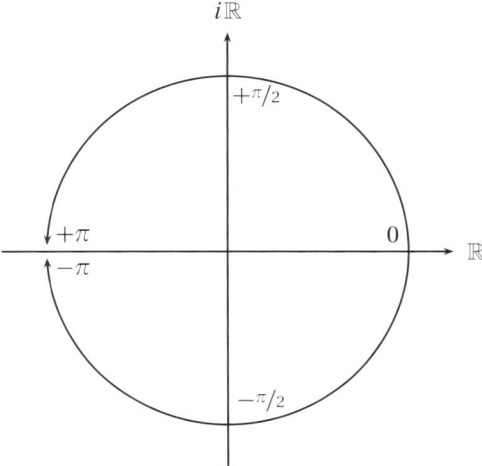

Abbildung 6.2: Winkel zwischen $-\pi$ und π.

Zwischen der reellen (horizontalen) Achse und der Zahl z entsteht ein *eindeutiger* Winkel φ zwischen $-\pi$ und π (im Bogenmass),

$$-\pi < \varphi \leq \pi.$$

Dieser eindeutige Winkel φ heisst **Argument** der komplexen Zahl z und wird mit

$$\varphi = \arg(z)$$

bezeichnet; siehe Abbildung 6.1. Hierbei bedeutet ein negativer Winkelwert eine Auslenkung von der positiven horizontalen Achse aus in Uhrzeigerrichtung. Ein positiver Wert entspricht einer Auslenkung im Gegenuhrzeigersinn. Der Winkel $-\pi$ ist dann geometrisch äquivalent zum Winkel π; siehe Abbildung 6.2.

Einige trigonometrische Überlegungen führen auf

$$a = \mathrm{Re}(z) = |z|\cos(\varphi), \qquad b = \mathrm{Im}(z) = |z|\sin(\varphi).$$

Ausserdem,

$$\tan(\varphi) = \frac{b}{a} = \frac{\mathrm{Im}(z)}{\mathrm{Re}(z)}, \qquad a \neq 0. \tag{6.13}$$

Für $a = 0$ gilt

$$\varphi = \begin{cases} \pi/2 & \text{falls } b > 0, \\ -\pi/2 & \text{falls } b < 0. \end{cases}$$

Die Identitäten in (6.13) zeigen, dass sich das Argument φ grundsätzlich mit Hilfe der Arcus-Tangensfunktion arctan, der Umkehrfunktion des Tangens, berechnen lässt. Hier gilt es aber zu beachten, dass die Tangensfunktion π-periodisch ist und daher zum Wert von $\arctan(b/a)$ unter Umständen noch ein Summand π oder $-\pi$ addiert werden muss.

Beispiel 6.14 Wir betrachten die komplexe Zahl $z = 3 + 2i$. Ihr Betrag ist

$$|z| = \sqrt{3^2 + 2^2} = \sqrt{13} = 3.60555127\ldots.$$

Ihr Argument berechnet sich als

$$\arg(z) = \arctan\left(\frac{\text{Im}(z)}{\text{Re}(z)}\right) = \arctan\left(\frac{2}{3}\right) = 0.5880026\ldots$$

Dass bei der Berechnung des Arguments mit Hilfe der arctan-Funktion Vorsicht geboten ist, sehen wir am folgenden Beispiel: Für die komplexe Zahl $w = -3 - 2i$ gilt

$$|w| = \sqrt{(-3)^2 + (-2)^2} = \sqrt{13} = 3.60555127\ldots,$$

gleich wie für z. Weiter haben wir

$$\arctan\left(\frac{\text{Im}(w)}{\text{Re}(w)}\right) = \arctan\left(\frac{-2}{-3}\right) = 0.5880026\ldots.$$

Das Argument von w ist aber offensichtlich nicht dasselbe wie jenes von z; siehe Abbildung 6.3. Genauer gilt

$$\arg(w) = 0.5880026\ldots - \pi = -2.5535900\ldots,$$

wie eine geometrische Überlegung ergibt (Addition von $+\pi$ würde zwar einen geometrisch äquivalenten Winkel ergeben, dieser würde aber nicht im Bereich von $-\pi$ bis π liegen). □

Bemerkung 6.15 In OCTAVE lassen sich komplexe Zahlen einfach definieren:

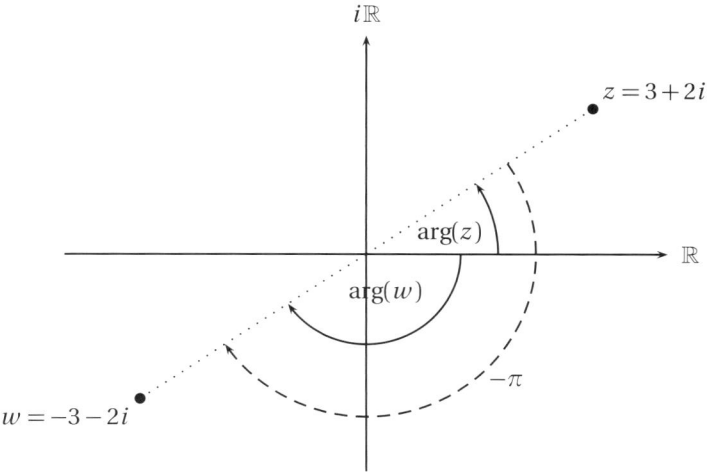

Abbildung 6.3: Beispiel 6.14.

```
octave:1> z = 3+2*i
```

```
z =   3 + 2i
```

Betrag und Argument lassen sich wie folgt berechnen:

```
octave:2> abs(z)
```

```
ans =   3.6056
```

```
octave:3> arg(z)
```

```
ans =   0.58800
```

Analog:

```
octave:4> w = -3-2*i
```

```
w = -3 - 2i
```

kartesische Form	Polarform
$z = a + bi$	$z = |z|e^{i\varphi}$
$a = |z|\cos(\varphi)$ $b = |z|\sin(\varphi)$	$|z| = \sqrt{a^2 + b^2}$ $\varphi = \arg(z)$

Tabelle 6.1: Darstellungsformen einer komplexen Zahl.

```
octave:5> abs(w)

ans =   3.6056

octave:6> arg(w)

ans = -2.5536
```

Kombinieren wir die oben dargestellten Beziehungen, so folgt

$$z = a + bi = |z|\cos(\varphi) + i|z|\sin(\varphi) = |z|(\cos(\varphi) + i\sin(\varphi)).$$

Die Formel nach Euler impliziert dann:

$$z = \text{Re}(z) + i\,\text{Im}(z) = |z|e^{i\varphi}, \qquad \varphi = \arg(z).$$

Die Schreibweise $z = \text{Re}(z) + i\,\text{Im}(z)$ der komplexen Zahl z heisst **kartesische Form**. Im Gegensatz dazu heisst die Schreibweise $z = |z|e^{i\varphi}$ **Polarform**. Diese Begriffe haben einen geometrischen Ursprung: Ein Punkt in der Ebene kann auf verschiedene Arten eindeutig festgesetzt werden. Einerseits kennen wir die *kartesischen Koordinaten*, welche die Position eines Punktes durch die entsprechenden Achsenabschnitte (horizontal und vertikal, d. h. $\text{Re}(z)$ und $\text{Im}(z)$) im rechtwinkligen Koordinatensystem eindeutig beschreiben. Alternativ dazu definieren *Polarkoordinaten* einen Punkt durch seinen Abstand zum Ursprung und seinen Winkel gegenüber der horizontalen Achse (d. h. $|z|$ und $\arg(z)$). Wir fassen die verschiedenen Darstellungsformen in Tabelle 6.1 zusammen.

6.4 Die komplexe Logarithmusfunktion

Geometrisch gesprochen, verwandelt die komplexe Exponentialfunktion die "Polarkoordinaten" $|z|$ und $\arg(z)$ einer komplexen Zahl z eindeutig in ihre "kartesischen Koordinaten":

$$\operatorname{Re}(z) = \operatorname{Re}(|z|e^{i\arg(z)}) = |z|\cos(\arg(z))$$
$$\operatorname{Im}(z) = \operatorname{Im}(|z|e^{i\arg(z)}) = |z|\sin(\arg(z)).$$

Wir wollen nun eine umgekehrte Transformation finden, welche die kartesischen Koordinaten einer komplexen Zahl z eindeutig in ihre Polarkoordinaten verwandelt.

Im Reellen ist die Umkehrung der Exponentialfunktion exp gegeben durch die natürliche Logarithmusfunktion ln. Für jede reelle Zahl $x > 0$ gilt

$$\exp(\ln(x)) = x.$$

Der natürliche Logarithmus von x kann hier definiert werden als die eindeutige (reelle) Lösung w der Gleichung $\exp(w) = x$. Wir machen uns diese Beobachtung zu Nutze und versuchen auf die gleiche Weise, eine komplexe Logarithmusfunktion log durch die Gleichung

$$\exp(w) = z \tag{6.16}$$

zu definieren, wobei $z \neq 0$ eine beliebige komplexe Zahl ist. Wir verfolgen dann die Idee, $\log(z) := w$ zu setzen. Es sei schon jetzt bemerkt, dass diese Vorgehensweise Probleme mit sich bringt, die wir im Folgenden behandeln werden. Dennoch führt sie auf den richtigen Weg.

Wir lösen die Gleichung (6.16) für eine beliebige Zahl $z \neq 0$. Es ist

$$z = |z|e^{i\arg(z)}.$$

Da nun

$$e^{2k\pi i} = \underbrace{\cos(2k\pi)}_{=1} + i\underbrace{\sin(2k\pi)}_{=0} = 1$$

für jede beliebige ganze Zahl k gilt, folgt:

$$z = |z|e^{i\arg(z)} = |z|e^{i\arg(z)}e^{2k\pi i} = |z|e^{(\arg(z)+2k\pi)i}.$$

Weiter gilt

$$|z| = e^{\ln(|z|)}$$

und somit

$$z = |z| e^{(\arg(z)+2k\pi)i} = e^{\ln(|z|)} e^{(\arg(z)+2k\pi)i} = e^{\ln(|z|)+i(\arg(z)+2k\pi)}.$$

Damit sind alle komplexen Zahlen der Form

$$w = \ln(|z|) + i(\arg(z)+2k\pi)$$

Lösungen der Gleichung (6.16). Da k eine beliebige ganze Zahl sein darf, gibt es offensichtlich unendlich viele Lösungen. Insbesondere ist die komplexe Logarithmusfunktion, anders als für reelle Zahlen, durch die Gleichung (6.16) *nicht eindeutig* festgelegt. Eindeutigkeit muss nun durch eine Definition erwirkt werden. Dazu bietet sich die Lösung für $k = 0$ an.

Die komplexe Logarithmusfunktion ist daher wie folgt definiert:

$$\log(z) := \ln(|z|) + i \arg(z), \qquad z \neq 0.$$

Da $-\pi < \arg(z) \leq \pi$ für jede komplexe Zahl $z \neq 0$, kann die Eindeutigkeit von log als Lösung von (6.16) äquivalent durch die Bedingung

$$-\pi < \text{Im}(\log(z)) \leq \pi$$

erhalten werden.

Die Logarithmusfunktion erzeugt die Polarkoordinaten einer komplexen Zahl z in der folgenden Weise:

$$|z| = e^{\ln(|z|)} = e^{\text{Re}(\log(z))}, \qquad\qquad \arg(z) = \text{Im}(\log(z)).$$

Bemerkung 6.17 Für eine reelle Zahl $x > 0$ gilt

$$\log(x) = \ln(|x|) + i \arg(x) = \ln(x) + i \cdot 0,$$

d. h., für positive reelle Zahlen sind die reelle und die komplexe Logarithmusfunktion identisch. Allerdings sind jetzt, anders als im Reellen, bei der komplexen Logarithmusfunktion auch negative Eingabewerte erlaubt. Beispielsweise gilt

$$\log(-1) = \ln(|-1|) + i \arg(-1) = \ln(1) + i\pi = i\pi.$$

Der Ausgabewert ist komplex. Dies ist keine Überraschung, da die reelle Logarithmusfunktion sonst auch für negative Eingabewerte definiert sein müsste.

Beispiel 6.18 Wir bestimmen die Zahl $\log(1-i)$. Hier gilt

$$|1-i| = \sqrt{2}, \qquad \arg(1-i) = -\frac{\pi}{4}.$$

Daher,

$$\log(1-i) = \ln\left(\sqrt{2}\right) - i\frac{\pi}{4} = \frac{1}{2}\ln(2) - i\frac{\pi}{4}.$$

Wir bemerken, dass

$$\exp(\log(1-i)) = \exp\left(\ln\sqrt{2} - i\pi/4\right) = \exp\left(\ln\sqrt{2}\right)\exp(-i\pi/4)$$
$$= \sqrt{2}\left(\underbrace{\cos(-\pi/4)}_{=\sqrt{2}/2} + i\underbrace{\sin(-\pi/4)}_{=-\sqrt{2}/2}\right) = 1 - i,$$

wie es sein muss. $\square$

6.5 Lösungen von polynomialen Gleichungen

Für eine natürliche Zahl n sei

$$f(z) = a_n z^n + a_{n-1} z^{n-1} + a_{n-2} z^{n-2} + \ldots + a_2 z^2 + a_1 z + a_0, \qquad (6.19)$$

wobei $a_0, a_1, \ldots, a_{n-1}, a_n$, $a_n \neq 0$, konstante Koeffizienten sind, ein Polynom vom Grad n.

Fundamentalsatz der Algebra: Jedes Polynom n-ten Grades ($n \geq 1$),

$$f(z) = a_n z^n + a_{n-1} z^{n-1} + a_{n-2} z^{n-2} + \ldots + a_2 z^2 + a_1 z + a_0,$$

mit reellen oder komplexen Koeffizienten $a_0, a_1, \ldots, a_n$, zerfällt in n Linearfaktoren, d. h., es gibt n Zahlen $z_1, z_2, \ldots z_n$ (die möglicherweise komplex sind), so dass

$$f(z) = a_n(z - z_1)(z - z_2)\cdots(z - z_n).$$

Die Zahlen $z_1, z_2, \ldots, z_n$ sind die Nullstellen des Polynoms f.

Bemerkung 6.20 Aus dem obigen Fundamentalsatz folgt, dass jedes Polynom vom Grad n genau n Nullstellen $z_1, z_2, \ldots, z_n$ besitzt. Es kann sein, dass einige dieser Zahlen identisch sind; in diesem Fall heissen die entsprechenden Nullstellen *mehrfach*.

Beispiel 6.21 Das Polynom

$$f(z) = z^3 + (5 - 4i)z^2 - (4 + 20i)z - 20$$

hat Grad $n = 3$. Die Koeffizienten sind gegeben durch

$$a_3 = 1, \quad a_2 = 5 - 4i, \quad a_1 = -(4 + 20i), \quad a_0 = -20.$$

Durch Nachrechnen stellen wir fest, dass

$$f(z) = (z - 2i)^2 (z - 5)$$

gilt. Somit zerfällt f, wie erwartet, in drei Linearfaktoren, wobei $z - 2i$ zweimal und $z + 5$ einmal vorkommt. Dementsprechend ist $z_1 = 2i$ eine zweifache und $z_2 = -5$ eine einfache Nullstelle von f. $\qquad\square$

Für die Nullstellen von Polynomen n-ten Grades gibt es keine allgemein gültigen, expliziten Formeln. Hier bieten verschiedenste Klassen von numerischen Verfahren einen wichtigen Ausweg an. In OCTAVE ist die Funktion `roots` implementiert, die Nullstellen von Polynomen näherungsweise berechnet. Eingegeben wird eine Liste, welche die Koeffizienten $a_n, a_{n-1}, \ldots, a_1, a_0$ enthält (in dieser Reihenfolge). Ausgegeben werden die Nullstellen. Um beispielsweise die Gleichung

$$z^3 - 4z^2 + 2z - 5 = 0$$

zu lösen, speichern wir zunächst die Koeffizienten in einer Liste (hier `c`):

```
octave:1> c = [1 -4 2 -5]

c =

   1  -4   2  -5
```

Nun benutzen wir den Befehl `roots`:

```
octave:2> roots(c)

ans =

   3.81912 + 0.00000i
   0.09044 + 1.14062i
   0.09044 - 1.14062i
```

Als Ausgabe erhalten wir drei Nullstellen.

Auch wenn die Berechnung von Nullstellen von Polynomen typischerweise nur numerisch (allerdings bis auf beliebige Genauigkeit) möglich ist, so gibt es dennoch Spezialfälle, für welche sich polynomiale Gleichungen algebraisch auflösen lassen. Als wichtige Beispiele werden wir die quadratischen Gleichungen und die Einheitswurzeln betrachten.

6.5.1 Quadratische Gleichungen

Eine quadratische Gleichung[3] hat die Form

$$z^2 + pz + q = 0. \tag{6.22}$$

Gegeben sind die (reellen) Konstanten p und q, gesucht ist die Lösung z. Anhand der Gleichung (6.2) haben wir bereits gesehen, dass nicht alle quadratischen Gleichungen reelle Lösungen haben. Zwecks Auflösung schreiben wir die Gleichung etwas um:

$$z^2 + pz + \left(\frac{p}{2}\right)^2 = \left(\frac{p}{2}\right)^2 - q.$$

Diesen Vorgang nennt man *quadratische Ergänzung*, denn die linke Seite der obigen Gleichung lässt sich mit Hilfe der binomischen Formeln in Form eines Quadrates ausdrücken:

$$\left(z + \frac{p}{2}\right)^2 = \left(\frac{p}{2}\right)^2 - q.$$

Zur Auflösung nach z unterscheiden wir drei Fälle. Sie beziehen sich auf das Vorzeichen des Terms $(p/2)^2 - q$. Wir nennen diesen Ausdruck **Diskriminante** der quadratischen Gleichung (6.22).

---

[3]Eine quadratische Gleichung

$$az^2 + bz + c = 0$$

mit $a \neq 0$ kann immer in die Form (6.22) gebracht werden durch Division der Gleichung durch a.

- Fall 1: Wenn $\left(\frac{p}{2}\right)^2 - q > 0$, dann folgt

$$z + \frac{p}{2} = \pm\sqrt{\left(\frac{p}{2}\right)^2 - q}.$$

Daraus ergeben sich zwei Lösungen $z_\pm$, die durch

$$z_\pm = -\frac{p}{2} \pm \sqrt{\left(\frac{p}{2}\right)^2 - q}$$

gegeben sind.

- Fall 2: Falls $\left(\frac{p}{2}\right)^2 - q = 0$, dann gilt

$$\left(z + \frac{p}{2}\right)^2 = 0,$$

und somit gibt es nur die eine (doppelte) Lösung

$$z = -\frac{p}{2}.$$

- Fall 3: Wenn $\left(\frac{p}{2}\right)^2 - q < 0$, gilt, dass

$$\left(z + \frac{p}{2}\right)^2 = \left(\frac{p}{2}\right)^2 - q < 0.$$

Hier kann es keine reelle Lösung geben, da das Quadrat auf der linken Seite für reelles z nie negativ werden kann. Wir schreiben

$$\left(\frac{p}{2}\right)^2 - q = \underbrace{i^2}_{=-1} \underbrace{\left|\left(\frac{p}{2}\right)^2 - q\right|}_{=-\left(\left(\frac{p}{2}\right)^2 - q\right)}.$$

Es folgt, dass

$$\left(z + \frac{p}{2}\right)^2 = i^2 \left|\left(\frac{p}{2}\right)^2 - q\right|$$

und daher

$$z + \frac{p}{2} = \pm i \sqrt{\left|\left(\frac{p}{2}\right)^2 - q\right|}.$$

Wir erhalten die beiden komplexen Lösungen

$$z_\pm = -\frac{p}{2} \pm i \sqrt{\left|\left(\frac{p}{2}\right)^2 - q\right|}.$$

Wir fassen zusammen:

Die quadratische Gleichung (6.22) hat die Lösung(en)

$$z_\pm = -\frac{p}{2} \pm \sqrt{\left(\frac{p}{2}\right)^2 - q}$$

falls $(p/2)^2 - q \geq 0$ und

$$z_\pm = -\frac{p}{2} \pm i \sqrt{\left|\left(\frac{p}{2}\right)^2 - q\right|}$$

wenn $(p/2)^2 - q < 0$.

Beispiel 6.23 Gesucht ist die Lösung der Gleichung

$$z^2 + z + 1 = 0.$$

Hier sind $p = q = 1$. Die Diskriminante beträgt $(1/2)^2 - 1 = -3/4 < 0$. Dies entspricht Fall 3 der obigen Fallunterscheidung. Daher gibt es zwei Lösungen, die gegeben sind durch

$$z_\pm = -\frac{1}{2} \pm i \sqrt{\frac{3}{4}} = \frac{1}{2}\left(-1 \pm i \sqrt{3}\right).$$

Durch Einsetzen in die quadratische Gleichung kann nun überprüft werden, dass z_+ und z_- tatsächlich Lösungen sind. $\square$

6.5.2 Einheitswurzeln

Für eine natürliche Zahl n betrachten wir die Gleichung

$$z^n = 1. \tag{6.24}$$

Sie hat die offensichtliche reelle Lösung $z = 1$. Falls n gerade ist, so löst auch $z = -1$ die Gleichung. Hat die Gleichung komplexe Lösungen? Ja, die Gleichung hat insgesamt sogar n *verschiedene* Lösungen. Wir bezeichnen sie mit $z_0, z_1, z_2, \ldots, z_{n-1}$. Sie sind gegeben durch

$$z_j = e^{\frac{2\pi ij}{n}}, \qquad j = 0, 1, 2, \ldots, n-1, \tag{6.25}$$

und heissen n-**te Einheitswurzeln**. Durch Einsetzen überprüfen wir, ob sie tatsächlich Lösungen von (6.24) sind:

$$z_j^n = \left(e^{\frac{2\pi ij}{n}} \right)^n = e^{\frac{2\pi ijn}{n}} = e^{2\pi ij} = \cos(2j\pi) + i\sin(2j\pi). \tag{6.26}$$

Nun gilt für gerade Zahlen $k = 2j$, dass

$$\cos(k\pi) = 1, \qquad \sin(k\pi) = 0,$$

und somit

$$z_j^n = 1$$

wie gewünscht. Für $j = 0$ erhalten wir die reelle Lösung

$$z_0 = e^0 = 1.$$

Falls n gerade ist, wird die zweite reelle Lösung für $j = n/2$ gefunden:

$$z_{n/2} = e^{\frac{2\pi i n/2}{n}} = e^{\pi i} = \cos(\pi) + i\sin(\pi) = -1.$$

Die restlichen Lösungen ($n - 2$ falls n gerade ist, und $n - 1$ falls n ungerade ist) sind alle nicht-reell.

Beispiel 6.27 Die Gleichung

$$z^4 = 1$$

hat die Lösungen

$$z_0 = e^0 = 1$$

$$z_1 = e^{\frac{2\pi i}{4}} = \cos\left(\frac{\pi}{2}\right) + i\sin\left(\frac{\pi}{2}\right) = i$$

$$z_2 = e^{\frac{4i\pi}{4}} = \cos(\pi) + i\sin(\pi) = -1$$

$$z_3 = e^{\frac{6i\pi}{4}} = \cos\left(\frac{6\pi}{4}\right) + i\sin\left(\frac{6\pi}{4}\right) = -i.$$

Wir stellen diese in Abbildung 6.4 in der komplexen Ebene dar und erkennen, dass sie sich alle auf dem Einheitskreis mit gleichem Winkelabstand $\frac{\pi}{2}$ voneinander befinden. $\square$

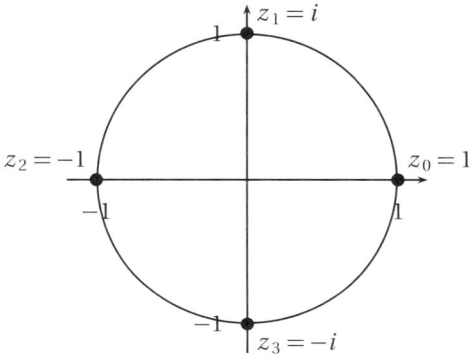

Abbildung 6.4: Komplexe Lösungen von $z^4 = 1$.

Die Formel für die Einheitswurzeln lässt sich noch etwas weiterentwickeln. Betrachten wir dazu die Gleichung

$$z^n = c, \tag{6.28}$$

wobei n eine natürliche und c eine beliebige komplexe Zahl ist. Was sind die Lösungen dieser Gleichung? Um diese Frage zu beantworten, schreiben wir die Zahl c in Polarform:

$$c = |c|e^{i\arg(c)}.$$

Die Lösungen der Gleichung (6.28) sind dann gegeben durch

$$z_j = \sqrt[n]{|c|}e^{\frac{2\pi i j + i\arg(c)}{n}}, \qquad j = 0, 1, 2, \ldots, n-1.$$

Wir überprüfen dies durch Nachrechnen. Es gilt

$$z_j^n = \left(\sqrt[n]{|c|}e^{\frac{2\pi i j + i\arg(c)}{n}} \right)^n = |c|e^{2\pi i j + i\arg(c)} = \underbrace{|c|e^{i\arg(c)}}_{=c}\underbrace{e^{2\pi i j}}_{=1} = c,$$

ähnlich wie in (6.26).

Beispiel 6.29 Wir berechnen die Lösungen von

$$z^3 = -8i.$$

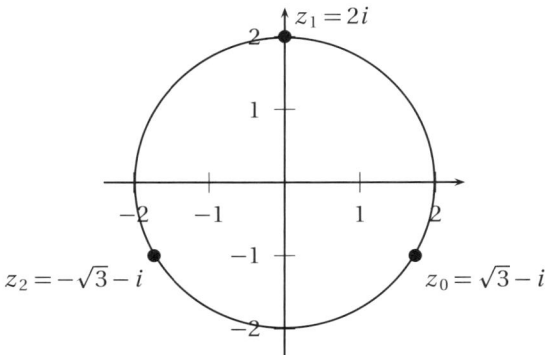

Abbildung 6.5: Lösungen von $z^3 = -8i$.

Hier ist $n = 3$ und $c = -8i$. Es gilt

$$|c| = 8, \qquad \arg(c) = -\frac{\pi}{2}.$$

Daher finden wir die Lösungen

$$z_j = \sqrt[3]{8}\, e^{\frac{2\pi i j - i\pi/2}{3}}, \qquad j = 0, 1, 2,$$

d. h.

$$z_0 = 2e^{-\frac{i\pi}{6}} = 2\left(\cos\left(-\frac{\pi}{6}\right) + i\sin\left(-\frac{\pi}{6}\right)\right) = 2\left(\frac{\sqrt{3}}{2} - \frac{1}{2}i\right) = \sqrt{3} - i$$

$$z_1 = 2e^{\frac{\pi i}{2}} = 2\left(\cos\left(\frac{\pi}{2}\right) + i\sin\left(\frac{\pi}{2}\right)\right) = 2i$$

$$z_2 = 2e^{\frac{7\pi i}{6}} = 2\left(\cos\left(\frac{7\pi}{6}\right) + i\sin\left(\frac{7\pi}{6}\right)\right) = 2\left(-\frac{\sqrt{3}}{2} - \frac{1}{2}i\right) = -\sqrt{3} - i.$$

Die Lösungen sehen wir in Abbildung 6.5. Auch sie liegen alle auf einem Kreis um den Ursprung (mit Radius $|c|^{1/n}$) und alle Winkelabstände zwischen ihnen sind gleich, nämlich $2\pi/n$. $\qquad\square$

6.6   Übungsaufgaben

6.1 Diese Aufgabe beschäftigt sich mit der Division zweier komplexer Zahlen.

(a) Berechnen Sie

$$z = \frac{2-i}{4+3i}.$$

Verwenden Sie, dass der gesuchte Quotient via

$$(4+3i) \cdot z = 2-i$$

definiert werden kann.

(b) Finden Sie eine Rechenregel für die Division von zwei beliebigen komplexen Zahlen.

6.2 Berechnen Sie die Zahl $(1-i)^{10}$ in Polarform und in kartesischer Form von Hand.

6.3 Welche Bahnen beschreiben die Punkte $c_k = (1+i/2)^k$ und $d_k = (1/2 + i/2)^k$ in $\mathbb{C}$, wenn k die natürlichen Zahlen durchläuft?

6.4 Zu jeder komplexen Zahl $z = a + bi$ wird eine *konjugiert-komplexe* Zahl

$$\overline{z} = a - bi$$

definiert.

(a) Drücken Sie $\mathrm{Re}(z)$ und $\mathrm{Im}(z)$ nur durch z und $\overline{z}$ aus.

(b) Zeigen Sie, dass $|z| = |\overline{z}|$.

(c) Beweisen Sie, dass $|z|^2 = z\overline{z}$.

(d) Wenn $z = |z|e^{i\varphi} \neq 0$, finden Sie eine Polarform von $\overline{z}$ und von $z/\overline{z}$. Was fällt auf?

(e) Für welche komplexe Zahl z der Form $z = x + iy$ gilt $\overline{z} = z^2$?

(f) Für welche komplexe Zahl z der Form $z = |z|e^{i\varphi}$ gilt $\overline{z} = 2/z$?

(g) Es sei $p = p(z)$ ein Polynom der Form (6.19), wobei wir annehmen, dass die Koeffizienten $a_0, a_1, \ldots, a_n$ *reell* sind. Ferner sei w eine Nullstelle von p, d. h. $p(w) = 0$. Zeigen Sie, dass dann auch die komplex konjugierte Zahl $\overline{w}$ eine Nullstelle von p ist.

6.5 Wenden Sie die Formel von De Moivre auf die Fälle $n = 3$ und $n = 4$ an und leiten Sie Verdreifachungs- resp. Vervierfachungsformeln für cos und sin her.

6.6 Interpretieren Sie die Lösungsmengen zu folgenden Gleichungen oder Ungleichungen in $\mathbb{C}$ geometrisch.

    (a) $|z - (3 + 4i)| = 10$

    (b) $(z - a)(\bar{z} - \bar{a}) = 2$

    (c) $|z - (3 + 5i)| = |z + (2 + i)|$

    (d) $|z + (2 + 3i)| \leq 8$ und $|z - (1 + i)| \geq 3$

6.7 Die komplexe Potenzfunktion lässt sich mit Hilfe des komplexen Logarithmus wie folgt definieren:

$$z^w := \exp(w \log(z))$$

für zwei komplexe Zahlen $z \neq 0$ und w.

    (a) Weshalb ist diese Definition sinnvoll?

    (b) Berechnen Sie i^i und $\sqrt{1 + i}$.

6.8 Bestimmen Sie *alle* Lösungen der folgenden Gleichungen:

    (a) $z^8 = 1$

    (b) $z^3 = -1$

    (c) $z^2 = 1 + i$

    (d) $z^2 - 3z + 2 = 2i$

    (e) $z^2 + 2z + i - 2 = 0$

Stellen Sie die Lösungen von (a) – (c) grafisch dar. Beachten Sie, dass Sie bei den Aufgaben (c) bis (e) die Lösungsformel für die quadratische Gleichung *nicht* verwenden dürfen, da wir diese nur für reelle Koeffizienten hergeleitet haben. Allerdings bietet sich eine ähnliche Vorgehensweise wie beim Entwickeln jener Formel auch hier an.

6.9 Konstruieren Sie die Lösungen der Gleichung $z^6 = -1$ mit Zirkel und Lineal geometrisch. Beschreiben Sie die Lösungsidee.

6.10 Welches sind die komplexen Lösungen der Gleichung $z^5 = (1 - 2i)^5$?

6.11 Für $n > 1$ seien $z_0, z_1, \ldots, z_{n-1}$ die n-ten Einheitswurzeln in (6.25), d. h. die Lösungen der Gleichung $z^n = 1$. Wie gross sind deren Summe und Produkt

$$\sum_{j=0}^{n-1} z_j = z_0 + z_1 + \cdots + z_{n-1} = ?$$

und

$$\prod_{j=0}^{n-1} z_j = z_0 \cdot z_1 \cdots z_{n-1} = ?$$

6.12 Wir definieren die komplexen Sinus- und Kosinusfunktionen durch

$$\sin(z) = \frac{1}{2i} \left(e^{iz} - e^{-iz} \right), \qquad \cos(z) = \frac{1}{2} \left(e^{iz} + e^{-iz} \right).$$

Zeigen Sie mit der Hilfe von Taylorreihendarstellungen (siehe Übung 3.9 (a) und (b)), dass diese Definitionen sinnvoll sind. Lösen Sie weiter die Gleichungen

(a) $\cos(z) = 2$

(b) $\sin(z) = 4$

(c) $\sin(z) = i\pi$

algebraisch nach der komplexen Variablen z auf.

Kapitel 7

Differentialgleichungen II: Lösungsmethoden

In Kapitel 5 haben wir einige Differentialgleichungen kennengelernt, die als mathematische Modelle einer realen Situation aufgetreten sind. In der Praxis ist es oftmals wünschenswert oder sogar notwendig, die Lösung einer Differentialgleichung und damit die modellierte Grösse "zur Hand" zu haben.

In diesem Kapitel wollen wir einige bekannte Lösungsmethoden besprechen. Dabei befassen wir uns sowohl mit analytischen als auch mit numerischen Methoden. Letztere sind in der Praxis – vor allem bei komplizierteren Differentialgleichungsproblemen – sehr häufig von grosser Bedeutung. In der Tat sind die meisten Differentialgleichungen, die in Anwendungen auftreten, überhaupt nicht explizit, d. h. durch eine Formel, lösbar. In solchen Fällen werden analytische Methoden gelegentlich dazu eingesetzt, Aussagen über das *qualitative* Verhalten einer Lösung zu liefern. Wenn es allerdings darum geht, eine Lösung *quantitativ* zu finden, so gibt es typischerweise kaum praxisrelevante Alternativen zu numerischen Verfahren.

7.1 Anfangs- und Randwertprobleme

Die Lösungen von Differentialgleichungen sind normalerweise nicht eindeutig bestimmt. Wir erläutern dies anhand eines einfachen Beispiels. Gesucht ist eine

Funktion $u = u(t)$, welche die Differentialgleichung

$$u''(t) - u(t) = 1$$

erfüllt. Jede Lösung dieser Gleichung hat die Form

$$u(t) = C_1 e^t + C_2 e^{-t} - 1,$$

mit *beliebigen* Konstanten C_1 und C_2. Umgekehrt erfüllt *jede* Funktion von dieser Form die obige Differentialgleichung, was einfach durch Einsetzen nachgeprüft werden kann. Es können hier also sogar unendlich viele Lösungen gefunden werden. Um die Eindeutigkeit einer Lösung zu "erzwingen", werden in der Praxis *Zusatzbedingungen* gestellt, welche üblicherweise durch die der Differentialgleichung zu Grunde liegenden Anwendung motiviert sind. Die Anzahl der Bedingungen, die gestellt werden müssen, um die Eindeutigkeit der Lösung einer Differentialgleichung zu garantieren, ist häufig – aber nicht immer – gleich der höchsten auftretenden Ableitungsordnung. Im obigen Beispiel ist die höchste Ableitungsordnung gleich 2; man erwartet daher, dass zwei Zusatzbedingungen nötig sind, um eine eindeutige Lösung der Differentialgleichung festzulegen.

Sehr häufig treten die zusätzlich gestellten Bedingungen in Form von sogenannten *Anfangsbedingungen* oder von *Randbedingungen* auf. Die entsprechenden Differentialgleichungsprobleme heissen dann **Anfangs-** resp. **Randwertprobleme**.

Anfangsbedingungen: Anfangsbedingungen beschreiben, was am *Anfang* des durch die Differentialgleichung modellierten Vorgangs passiert. Sie sind natürlicherweise typisch für Anwendungen, die einen *zeitlichen* Ablauf haben. Wir haben in diesem Zusammenhang bereits einige Anwendungen in Kapitel 5 gesehen. Beispielsweise schreiben wir für den freien Fall aus Anwendung 5.1 mit Hilfe der Bedingungen (5.3) und (5.5) vor, wie Höhe und Geschwindigkeit des fallenden Teilchens *am Anfang* aussehen. Durch diese zwei Anfangsgrössen wird der weitere Bewegungsablauf, der durch die Differentialgleichung beschrieben wird, eindeutig festgelegt. Dies ist auch physikalisch einsichtig.

Randbedingungen: Im Gegensatz zu Anfangsbedingungen sind Randbedingungen oftmals von *räumlicher* Natur. Sie betreffen Anwendungen, die sich innerhalb eines gewissen Gebiets abspielen, und beschreiben, was am Rand desselben geschieht.

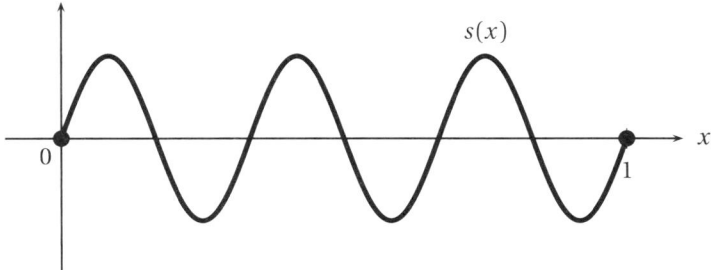

Abbildung 7.1: Stehende Saite mit Frequenz $\omega = 3$.

Beispiel 7.1 Eine (ideale) Saite wird angeregt. Es entsteht eine *stehende Transversalwelle*, die sich durch die Differentialgleichung

$$s''(x) + \omega^2 s(x) = 0 \tag{7.2}$$

beschreiben lässt. Hier gehen wir davon aus, dass sich die Saite in einem Koordinatensystem befindet, beispielsweise in einem Gebiet $0 \leq x \leq 1$. Die Funktion $s(x)$ ist dann die Auslenkung der Saite beim Punkt x; siehe Abbildung 7.1. Die Konstante ω ist die Frequenz der Schwingung.

Das Aussehen der "stehenden" Saite hängt davon ab, was an ihren Enden passiert. In Abbildung 7.1 wurde die Saite in den Punkten $x = 0$ und $x = 1$ *eingespannt*. Diese Fixierung der Enden beschreiben wir durch die *Randbedingungen*

$$s(0) = s(1) = 0.$$

Die Randbedingung legt hier also fest, wie die gesuchte Lösung am Rand des Bereiches $0 \leq x \leq 1$ aussieht. Dadurch wird die Lösung von (7.2) eindeutig. □

7.2 Lineare Differentialgleichungen zweiter Ordnung

Die Differentialgleichung (7.2) ist ein Spezialfall einer allgemeinen **linearen Differentialgleichung zweiter Ordnung mit konstanten Koeffizienten**. Eine solche hat die Form

$$y''(t) + p y'(t) + q y(t) = f(t). \tag{7.3}$$

Hier sind p und q *konstante Koeffizienten*, $f = f(t)$ ist eine gegebene Funktion und $y = y(t)$ ist gesucht. Falls $f \equiv 0$, dann heisst die Differentialgleichung **homogen**, ansonsten heisst sie **inhomogen**.

Ist die Differentialgleichung (7.3) *homogen und linear*, d. h.

$$y''(t) + py'(t) + qy(t) = 0, \tag{7.4}$$

so erfüllt sie das sogenannte **Superpositionsprinzip**:

Sind $y_1(t)$ und $y_2(t)$ zwei Lösungen von (7.4), dann ist auch

$$y(t) = C_1 y_1(t) + C_2 y_2(t),$$

wobei C_1 und C_2 beliebige Konstanten sind, eine Lösung von (7.4).

Diese wichtige Aussage beweisen wir durch Einsetzen in die Differentialgleichung:

$$\begin{aligned}
y''(t) &+ py'(t) + qy(t) \\
&= [C_1 y_1(t) + C_2 y_2(t)]'' + p[C_1 y_1(t) + C_2 y_2(t)]' + q[C_1 y_1(t) + C_2 y_2(t)] \\
&= C_1 y_1''(t) + C_2 y_2''(t) + C_1 py_1'(t) + C_2 py_2'(t) + C_1 qy_1(t) + C_2 qy_2(t) \\
&= C_1 \underbrace{[y_1''(t) + py_1'(t) + qy_1(t)]}_{=0} + C_2 \underbrace{[y_2''(t) + py_2'(t) + qy_2(t)]}_{=0} \\
&= 0.
\end{aligned}$$

Wir versuchen nun, die allgemeine Lösung der Differentialgleichung (7.4) zu finden. Dabei gehen wir vor wie zu Beginn von Kapitel 6 und verwenden den folgenden Lösungsansatz:

$$y(t) = e^{\lambda t}. \tag{7.5}$$

Einsetzen in (7.4) führt zu

$$0 = y''(t) + py'(t) + qy(t) = \lambda^2 e^{\lambda t} + p\lambda e^{\lambda t} + q e^{\lambda t} = e^{\lambda t}\left(\lambda^2 + p\lambda + q\right).$$

Dies ist sicherlich erfüllt, wenn

$$\lambda^2 + p\lambda + q = 0. \tag{7.6}$$

Diese quadratische Gleichung heisst **charakteristische Gleichung** der Differentialgleichung (7.4). Ihre Auflösung haben wir in Abschnitt 6.5.1 genau betrachtet. Grundlage der dort durchgeführten Fallunterscheidung war das Vorzeichen der Diskriminanten

$$D = \frac{p^2}{4} - q$$

der quadratischen Gleichung (7.6). Diese Unterscheidung werden wir auch bei der Lösung von (7.4) machen.

- Fall 1: $D > 0$. Die quadratische Gleichung (7.6) hat *zwei verschiedene reelle* Lösungen λ_1 und λ_2. Mit Rückblick auf (7.5) sind die Funktionen

$$y_1(t) = e^{\lambda_1 t}, \qquad y_2(t) = e^{\lambda_2 t}$$

Lösungen von (7.4). Mit dem Superpositionsprinzip ist auch

$$y(t) = C_1 e^{\lambda_1 t} + C_2 e^{\lambda_2 t},$$

wobei C_1, C_2 beliebig sind, Lösung von (7.4).

Beispiel 7.7 Die Differentialgleichung

$$y''(t) - 3y'(t) + 2y(t) = 0$$

hat die charakteristische Gleichung

$$\lambda^2 - 3\lambda + 2 = 0.$$

Deren Lösungen sind $\lambda_1 = 2$ und $\lambda_2 = 1$. Die allgemeine Lösung der Differentialgleichung ist dann

$$y(t) = C_1 e^{2t} + C_2 e^t,$$

was sich durch Einsetzen leicht überprüfen lässt.   □

- Fall 2: $D = 0$. Jetzt hat die charakteristische Gleichung (7.6) *nur eine* (doppelte) Lösung λ. Es ergibt sich daraus folglich nur eine Lösung

$$y_1(t) = e^{\lambda t}$$

der Differentialgleichung (7.4). Dennoch gibt es eine zweite, "unabhängige" Lösung, die durch

$$y_2(t) = t\, e^{\lambda t}$$

gegeben ist. Mit dem Superpositionsprinzip folgt dann die allgemeine Lösung

$$y(t) = C_1 e^{\lambda t} + C_2 t e^{\lambda t} = (C_1 + C_2 t) e^{\lambda t}$$

der Differentialgleichung (7.4).

Beispiel 7.8 Wir betrachten die Differentialgleichung

$$y''(t) - 4y'(t) + 4y(t) = 0.$$

Ihre charakteristische Gleichung,

$$\lambda^2 - 4\lambda + 4 = 0,$$

hat nur die Lösung $\lambda = 2$. Die allgemeine Lösung der Differentialgleichung ergibt sich dann als

$$y(t) = (C_1 + C_2 t) e^{2t}.$$

$\square$

- Fall 3: $D < 0$. In diesem Fall hat (7.6) *zwei verschiedene komplexe* Lösungen

$$\lambda_1 = a + ib, \qquad \lambda_2 = a - ib.$$

Damit finden wir *formal* zwei Lösungen von (7.4). Mit dem Ansatz (7.5) und Eulers Formel (6.9) gilt

$$y_1(t) = e^{(a+ib)t} = e^{at} e^{ibt} = e^{at}(\cos(bt) + i\sin(bt))$$

und analog

$$y_2(t) = e^{at}(\cos(-bt) + i\sin(-bt)) = e^{at}(\cos(bt) - i\sin(bt)),$$

da

$$\cos(-\alpha) = \cos(\alpha), \qquad \text{und} \qquad \sin(-\alpha) = -\sin(\alpha)$$

für jedes α. Mit dem Superpositionsprinzip ist auch

$$\begin{aligned}
y(t) &= C_1 y_1(t) + C_2 y_2(t) \\
&= C_1 e^{at}(\cos(bt) + i\sin(bt)) + C_2 e^{at}(\cos(bt) - i\sin(bt)) \\
&= (C_1 + C_2) e^{at} \cos(bt) + i(C_1 - C_2) e^{at} \sin(bt)
\end{aligned}$$

eine Lösung von (7.4). Es mag aus der Anwendersicht etwas irritierend anmuten, dass die allgemeine Lösung einen nicht-reellen Anteil besitzt. Dies können wir korrigieren. Dazu bemerken wir, dass die Konstanten C_1, C_2 beliebig sind und formal auch komplex gewählt werden dürfen. Nun seien D_1, D_2 zwei *beliebige reelle* Konstanten. Wir wählen C_1 und C_2 wie folgt:

$$C_1 = \frac{1}{2}(D_1 - i D_2), \qquad C_2 = \frac{1}{2}(D_1 + i D_2).$$

Eine Rechnung zeigt dann, dass

$$D_1 = C_1 + C_2, \qquad D_2 = i(C_1 - C_2).$$

Somit ist

$$y(t) = D_1 e^{at} \cos(bt) + D_2 e^{at} \sin(bt) = e^{at}(D_1 \cos(bt) + D_2 \sin(bt))$$

eine allgemeine reell-wertige Lösung für (7.4).

Anwendung 7.9 (Federbewegung)
Wir betrachten die Differentialgleichung für die Federbewegung aus Anwendung 5.7:

$$x''(t) + \frac{k}{m} x(t) = 0.$$

Die zugehörige charakteristische Gleichung ist

$$\lambda^2 + \frac{k}{m} = 0.$$

Sie hat die zwei Lösungen

$$\lambda_\pm = \pm i \sqrt{\frac{k}{m}}.$$

Hier ist also $a = 0$ und $b = \sqrt{k/m}$. Die allgemeine Lösung ist deshalb

$$x(t) = e^{0t}\left(D_1 \cos\left(\sqrt{k/m}\, t\right) + D_2 \sin\left(\sqrt{k/m}\, t\right)\right)$$
$$= D_1 \cos\left(\sqrt{k/m}\, t\right) + D_2 \sin\left(\sqrt{k/m}\, t\right).$$

Die Konstanten D_1 und D_2 können nun durch Einbezug der Anfangsbedingungen (5.9),

$$x(0) = d, \qquad x'(0) = 0,$$

bestimmt werden. Aus der ersten Bedingung erhalten wir

$$d = x(0) = D_1 \underbrace{\cos\left(\sqrt{k/m} \cdot 0\right)}_{=1} + D_2 \underbrace{\sin\left(\sqrt{k/m} \cdot 0\right)}_{=0} = D_1.$$

Weiter gilt

$$x'(t) = -D_1 \sqrt{k/m} \sin\left(\sqrt{k/m}\, t\right) + D_2 \sqrt{k/m} \cos\left(\sqrt{k/m}\, t\right)$$

und deshalb

$$0 = x'(0) = -D_1 \sqrt{k/m} \sin\left(\sqrt{k/m} \cdot 0\right) + D_2 \sqrt{k/m} \cos\left(\sqrt{k/m} \cdot 0\right)$$
$$= D_2 \sqrt{k/m}.$$

Es folgt $D_2 = 0$. Die Lösung des Anfangswertproblems (5.8), (5.9) lautet somit

$$x(t) = d \cos\left(\sqrt{k/m}\, t\right).$$

Die Lösung ist, wie erwartet, periodisch in der Zeit.   ◇

Wir fassen zusammen:

Die *allgemeine Lösung* der linearen homogenen Differentialgleichung zweiter Ordnung mit konstanten Koeffizienten p und q,

$$y''(t) + py'(t) + qy(t) = 0, \tag{7.10}$$

wird wie folgt gefunden:

1. Wir bestimmen die Lösungen λ_1, λ_2 der zugehörigen charakteristischen Gleichung

$$\lambda^2 + p\lambda + q = 0.$$

2. Falls

  (a) λ_1, λ_2 reell und verschieden sind, dann ist die allgemeine Lösung von (7.10) gegeben durch

$$y(t) = C_1 e^{\lambda_1 t} + C_2 e^{\lambda_2 t}.$$

(b) λ die einzige (doppelte reelle) Lösung ist, dann ist die allgemeine Lösung von (7.10) gegeben durch

$$y(t) = (C_1 + C_2 t)e^{\lambda t}.$$

(c) $\lambda_1 = a + bi, \lambda_2 = a - bi$ komplex und verschieden sind, dann ist die allgemeine Lösung von (7.10) gegeben durch

$$y(t) = e^{at}(C_1 \cos(bt) + C_2 \sin(bt)).$$

Hier sind C_1, C_2 beliebige reelle Konstanten.

Wir wenden uns nun der Lösung der inhomogenen Differentialgleichung (7.3) zu. Es gilt die folgende Aussage:

Es sei $y_p(t)$ eine bestimmte (aber beliebige) Lösung der Differentialgleichung (7.3). Eine solche Funktion heisst **Partikulärlösung** von (7.3). Dann ist die allgemeine Lösung von (7.3) von der Form

$$y(t) = y_p(t) + y_0(t),$$

wobei $y_0(t)$ die allgemeine Lösung der homogenen Differentialgleichung (7.10) ist.

Beispiel 7.11 Wir lösen die Differentialgleichung (5.2),

$$h''(t) = -g.$$

Die allgemeine Lösung hat die Form $h(t) = h_p(t) + h_0(t)$, wobei h_p eine Partikulärlösung von (5.2) und h_0 die Lösung der zugehörigen homogenen Differentialgleichung

$$h_0''(t) = 0$$

ist.

- Als Partikulärlösung können wir irgendeine Lösung der Differentialgleichung wählen, beispielsweise

$$h_p(t) = -\frac{1}{2}g t^2.$$

Es gilt $h_p''(t) = -g$.

- Zur Bestimmung der allgemeinen Lösung h_0 der homogenen Gleichung betrachten wir die charakteristische Gleichung

$$\lambda^2 = 0.$$

Ihre einzige Lösung ist die doppelte Nullstelle $\lambda = 0$. Damit wird die allgemeine Lösung der homogenen Gleichung

$$h_0(t) = (C_1 + C_2 t)e^{0 \cdot t} = C_1 + C_2 t.$$

Die allgemeine Lösung von (5.2) wird dann

$$h(t) = -\frac{1}{2}g t^2 + C_2 t + C_1.$$

Die Konstanten C_1, C_2 können nun anhand von zwei Anfangsbedingungen spezifiziert werden.

$\square$

Beispiel 7.12 Gesucht ist die allgemeine Lösung der Differentialgleichung

$$y''(t) - 3y'(t) + 2y(t) = 1. \tag{7.13}$$

- Um eine Partikulärlösung zu finden, betrachten wir eine konstante Funktion

$$y_p(t) = c.$$

Dies bietet sich an, da $y_p'(t) = y_p''(t) = 0$ und daher

$$1 \overset{!}{=} y_p''(t) - 3y_p'(t) + 2y_p(t) = 2c.$$

Es folgt $c = \frac{1}{2}$. Somit finden wir die Partikulärlösung

$$y_p(t) = \frac{1}{2}.$$

- Die allgemeine Lösung der homogenen Differentialgleichung haben wir in Beispiel 7.7 bestimmt:
$$y_0(t) = C_1 e^{2t} + C_2 e^t.$$

Damit finden wir die allgemeine Lösung

$$y(t) = y_p(t) + y_0(t) = C_1 e^{2t} + C_2 e^t + 1$$

der inhomogenen Differentialgleichung (7.13). Die Richtigkeit dieser Lösung kann via Einsetzprobe sofort überprüft werden. □

Beispiel 7.14 Wir bestimmen die allgemeine Lösung der Differentialgleichung

$$2y''(t) - 8y'(t) + 10y(t) = e^{3t}. \tag{7.15}$$

Zunächst bringen wir die Differentialgleichung in die Form (7.3), indem wir sie auf beiden Seiten durch 2 dividieren:

$$y''(t) - 4y'(t) + 5y(t) = \frac{1}{2} e^{3t}.$$

- Wir setzen eine Partikulärlösung als

$$y_p(t) = c\, e^{3t}$$

an, wobei c eine Konstante ist. Es gilt

$$y_p'(t) = 3c\, e^{3t}, \qquad y_p''(t) = 9c\, e^{3t}.$$

Einsetzen in die inhomogene Differentialgleichung ergibt

$$\frac{1}{2} e^{3t} \stackrel{!}{=} y_p''(t) - 4y_p'(t) + 5y_p(t) = 9c\, e^{3t} - 12c\, e^{3t} + 5c\, e^{3t} = 2c\, e^{3t}.$$

Daraus sehen wir, dass $c = \frac{1}{4}$, woraus die Partikulärlösung

$$y_p(t) = \frac{1}{4} e^{3t}$$

resultiert.

- Die allgemeine Lösung $y_0(t)$ der homogenen Differentialgleichung finden wir wiederum mit Hilfe der charakteristischen Gleichung

$$\lambda^2 - 4\lambda + 5 = 0,$$

deren beide Lösungen

$$\lambda_\pm = 2 \pm i$$

sind. Also folgt

$$y_0(t) = e^{2t}(C_1 \cos(t) + C_2 \sin(t)).$$

Jetzt wird

$$y(t) = y_p(t) + y_0(t) = \frac{1}{4}e^{3t} + e^{2t}(C_1\cos(t) + C_2\sin(t))$$

die allgemeine Lösung von (7.15).

Ferner betrachten wir die Anfangsbedingungen

$$y(0) = 1, \qquad y'(0) = 0. \tag{7.16}$$

Wie sieht die Lösung von (7.15) in diesem speziellen Fall aus? Aus der allgemeinen Lösungsformel folgt, dass

$$1 = y(0) = \frac{1}{4}e^0 + e^0(C_1\cos(0) + C_2\sin(0)) = \frac{1}{4} + C_1.$$

Daraus erhalten wir

$$C_1 = \frac{3}{4}. \tag{7.17}$$

Um die zweite Bedingung miteinbeziehen zu können, berechnen wir die erste Ableitung der allgemeinen Lösung:

$$y'(t) = \frac{3}{4}e^{3t} + e^{2t}\cos(t)(2C_1 + C_2) + e^{2t}\sin(t)(2C_2 - C_1).$$

Die zweite Anfangsbedingung führt zu

$$0 = y'(0) = \frac{3}{4}e^0 + e^0\cos(0)(2C_1 + C_2) + e^0\sin(0)(2C_2 - C_1) = \frac{3}{4} + 2C_1 + C_2.$$

Unter Einbezug von (7.17), erhalten wir

$$C_2 = -\frac{3}{4} - 2C_1 = -\frac{3}{4} - \frac{3}{2} = -\frac{9}{4}.$$

Somit erfüllt die spezielle Lösung

$$y(t) = \frac{1}{4}e^{3t} + e^{2t}\left(\frac{3}{4}\cos(t) - \frac{9}{4}\sin(t)\right)$$

die Differentialgleichung (7.15) sowie die Anfangsbedingungen (7.16).   □

7.3   Separation

Schwerpunkt des folgenden Abschnitts sind Differentialgleichungen erster Ordnung, die *separierbar* sind. Diese haben die allgemeine Form

$$y'(t) = f(t)g(y(t)). \qquad (7.18)$$

Hier sind f und g gegebene Funktionen. Auf der rechten Seite dieser Differentialgleichung steht das *Produkt* einer Funktion f, die *nur von t abhängt* und einer Funktion g, welche *nur von $y(t)$ abhängt*:

$$\underbrace{f(t)}_{\text{nur von } t \text{ abhängig}} \cdot \underbrace{g(y(t))}_{\text{nur von } y(t) \text{ abhängig}}$$

Beispiele solcher Differentialgleichungen sind:

$$y'(t) = \sqrt{y(t)} + 1 \qquad\qquad f(t) = 1, \quad g(y) = \sqrt{y} + 1$$
$$y'(t) = (t^2 + 1)y(t) \qquad\qquad f(t) = t^2 + 1, \quad g(y) = y.$$

Zur Verdeutlichung geben wir zwei Gegenbeispiele, also Differentialgleichungen, die sich nicht in der obigen Weise separieren lassen:

$$y'(t) = \frac{\sin(t)}{t^2 + y(t)^2}$$
$$y'(t) = e^{-y(t)}\sqrt{t} + 1$$

Wir fügen eine Anfangsbedingung,

$$y(t_0) = y_0,$$

wobei y_0 eine gegebene Zahl und t_0 der Anfangszeitpunkt sind, zur Differentialgleichung (7.18) hinzu.

Die Differentialgleichung lässt sich formal umformen als

$$\frac{y'(t)}{g(y(t))} = f(t).$$

Wir integrieren diese Gleichung von t_0 bis zu einem beliebigen Zeitpunkt t:

$$\int_{t_0}^{t} \frac{y'(\tau)}{g(y(\tau))}\, \mathrm{d}\tau = \int_{t_0}^{t} f(\tau)\mathrm{d}\tau.$$

Hier haben wir die Integrationsvariable umbenannt, um einer Verwechslung mit den Integrationsgrenzen vorzubeugen. Mit der Substitutionsregel (4.17) der Integralrechnung gilt

$$\int_{t_0}^{t} \frac{y'(\tau)}{g(y(\tau))}\,\mathrm{d}\tau = \int_{y(t_0)}^{y(t)} \frac{1}{g(z)}\,\mathrm{d}z = \int_{y_0}^{y(t)} \frac{1}{g(z)}\,\mathrm{d}z,$$

und somit

$$\int_{y_0}^{y(t)} \frac{1}{g(z)}\,\mathrm{d}z = \int_{t_0}^{t} f(\tau)\,\mathrm{d}\tau. \tag{7.19}$$

Sofern die beiden Integrale berechenbar sind, ist die obige Beziehung eine Gleichung für $y(t)$. Die Auflösung dieser Gleichung ist ein rein algebraisches Problem, wobei wir bemerken, dass die Lösung nicht immer existieren muss.

Anwendung 7.20 (Torricellis Gesetz)
Wir betrachten die Fluidmechanikanwendung 5.12. Das Anfangswertproblem für die Höhe $h = h(t)$ des Wasserstandes nach einer Zeit t lautete dort

$$h'(t) = -\mu \sqrt{h(t)}, \qquad h(0) = h_0,$$

wobei μ die Konstante aus (5.13) ist. Die obige Differentialgleichung ist separierbar. Hier sind $f(t) = -\mu$, $g(h) = \sqrt{h}$, $t_0 = 0$ und $y_0 = h_0$. Mit der Formel (7.19) gilt

$$\int_{h_0}^{h(t)} \frac{1}{\sqrt{z}}\,\mathrm{d}z = \int_{0}^{t} -\mu\,\mathrm{d}\tau. \tag{7.21}$$

Die beiden Integrale berechnen sich als

$$\int_{h_0}^{h(t)} z^{-1/2}\,\mathrm{d}z = 2\left(h(t)^{1/2} - h_0^{1/2}\right)$$

und

$$\int_{0}^{t} -\mu\,\mathrm{d}\tau = -\mu t.$$

Somit

$$2\left(h(t)^{1/2} - h_0^{1/2}\right) = -\mu t.$$

Auflösen nach $h(t)$ ergibt

$$h(t) = \left(\sqrt{h_0} - \frac{1}{2}\mu t \right)^2.$$

Einsetzen in (7.21) zeigt, dass dies tatsächlich eine Lösung des Anfangswertproblems ist. Der Tank ist geleert, wenn

$$\left(\sqrt{h_0} - \frac{1}{2}\mu t \right)^2 = 0,$$

also zum Zeitpunkt $t = 2\sqrt{h_0}/\mu$. $\diamondsuit$

7.4 Grafische Lösung

Wir betrachten Differentialgleichungen der Form

$$y'(t) = f(t, y(t)). \tag{7.22}$$

Hier ist f eine gegebene Funktion von *zwei* Argumenten, nämlich von der Variablen t und der (unbekannten) Lösung $y(t)$.

Beispiel 7.23 Für die Differentialgleichung

$$y'(t) = \frac{1}{10}y(t)^2 + \sqrt{t}$$

ist

$$f(t, y) = \frac{1}{10}y^2 + \sqrt{t}.$$

Die Funktion f hängt von zwei Variablen t und y ab. So gilt beispielsweise $f(4, -3) = \frac{1}{10}(-3)^2 + \sqrt{4} = \frac{29}{10} = 2.9$. $\square$

Solche Differentialgleichungen lassen sich einfach, aber sehr effektiv grafisch lösen. Hierbei geht es in erster Linie um das *qualitative* Lösungsverhalten von (7.22).

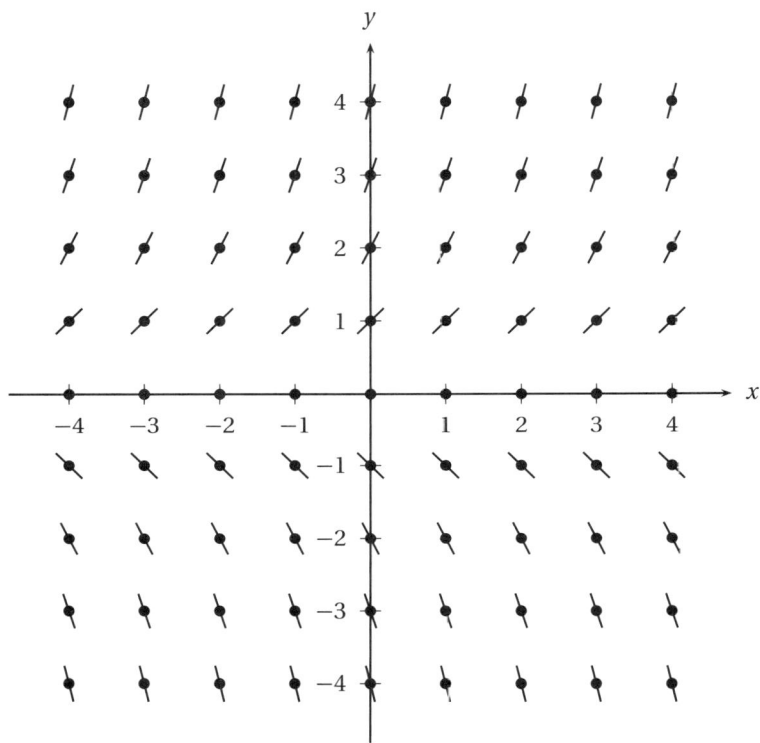

Abbildung 7.2: Richtungsfeld

7.4.1 Richtungsfelder

Im Folgenden tasten wir uns Schritt für Schritt an eine grafische Lösungsmethode heran. Dazu betrachten wir zunächst ein zweidimensionales Koordinatensystem. In der dadurch aufgespannten Ebene ordnen wir jedem Punkt eine gegebene *Steigung* zu. Grafisch lässt sich dies wie in Abbildung 7.2 darstellen, wobei wir natürlich immer nur endlich viele Punkte (mit ihren zugehörigen Steigungen) zeichnen können. Das Bild, welches so entsteht, heisst **Steigungs-** oder **Richtungsfeld**.

    Um Richtungsfelder mathematisch zu beschreiben, müssen wir zunächst den Begriff "Steigung" definieren. Dabei beachten wir, dass sich jede der "Steigungs-

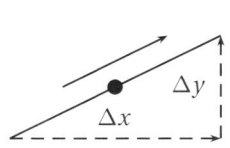 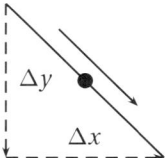

Δx positiv, Δy positiv
positive Steigung r

Δx positiv, Δy negativ
negative Steigung r

Abbildung 7.3: Steigungsdreiecke.

linien" in Abbildung 7.2 durch ein rechtwinkliges Dreieck ergänzen lässt. Wir betrachten hierfür zwei Beispiele in Abbildung 7.3. Die horizontalen und vertikalen Abstände bezeichnen wir mit Δx bzw. Δy. Hier sind die Richtungen "von unten nach oben" bzw. "von links nach rechts" als *positiv* definiert. Die jeweils umgekehrten Richtungen sind negativ. Als **Steigung** definieren wir dann das Verhältnis

$$r = \frac{\Delta y}{\Delta x}.$$

In den beiden Beispielen aus Abbildung 7.3 ist die Steigung im ersten Dreieck positiv (steigend), während sie im zweiten Dreieck negativ (fallend) ist.

Ein Richtungsfeld lässt sich nun durch eine Funktion $f = f(x, y)$ mit zwei Argumenten x und y beschreiben: Für jeden Punkt mit Koordinaten (x, y) entspricht der Wert $f(x, y)$ der Steigung beim gegebenen Punkt. Das Vorzeichen entscheidet, ob die Richtungslinie steigend oder fallend ist. Auf diese Weise wird jeder Funktionswert von f mit einer Steigung *identifiziert*.

Beispiel 7.24 Wir betrachten das Richtungsfeld, welches durch die Funktion

$$f(x, y) = \frac{-y}{x}$$

gegeben ist. Um das Richtungsfeld grafisch darzustellen, bestimmen wir die

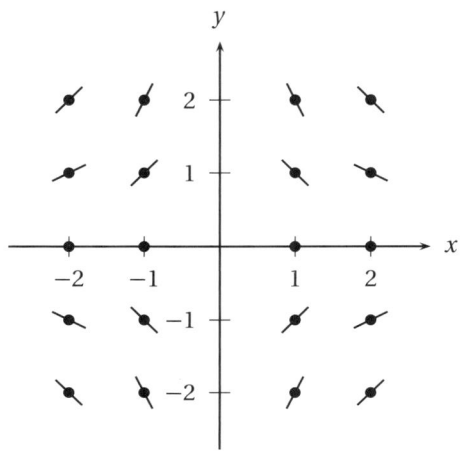

Abbildung 7.4: Richtungsfeld.

Steigungen für einige Punkte. Beispielsweise haben wir:

$$f(-2,-2)=-1 \qquad f(-1,-2)=-2 \qquad f(1,-2)=2 \qquad f(2,-2)=1$$
$$f(-2,-1)=-1/2 \qquad f(-1,-1)=-1 \qquad f(1,-1)=1 \qquad f(2,-1)=1/2$$
$$f(-2,0)=0 \qquad f(-1,0)=0 \qquad f(1,0)=0 \qquad f(2,0)=0$$
$$f(-2,1)=1/2 \qquad f(-1,1)=1 \qquad f(1,1)=-1 \qquad f(2,1)=-1/2$$
$$f(-2,2)=1 \qquad f(-1,2)=2 \qquad f(1,2)=-2 \qquad f(2,2)=-1.$$

Beim Punkt $(-1,2)$ ist die Steigung also gleich 2, d. h. die Richtungslinie ist dort steigend mit Verhältnis $\Delta y : \Delta x = 2 : 1$ (zwei vertikale Einheiten nach oben und eine horizontale Einheit nach rechts). Oder bei $(2,1)$ hat die Steigung den Wert $-1/2$, d. h., die Richtungslinie ist dort fallend mit Verhältnis $\Delta y : \Delta x = -1/2 : 1 = -1 : 2$ (eine vertikale Einheit nach unten und zwei horizontale Einheiten nach rechts). Wir stellen alle obigen Punkte mit ihren Steigungen in Abbildung 7.4 dar und erkennen so, wie das zur Funktion f gehörige Richtungsfeld entsteht. Es ist zu bemerken, dass das Richtungsfeld entlang der y-Achse ($x = 0$) wegen Division durch null nicht definiert ist.

□

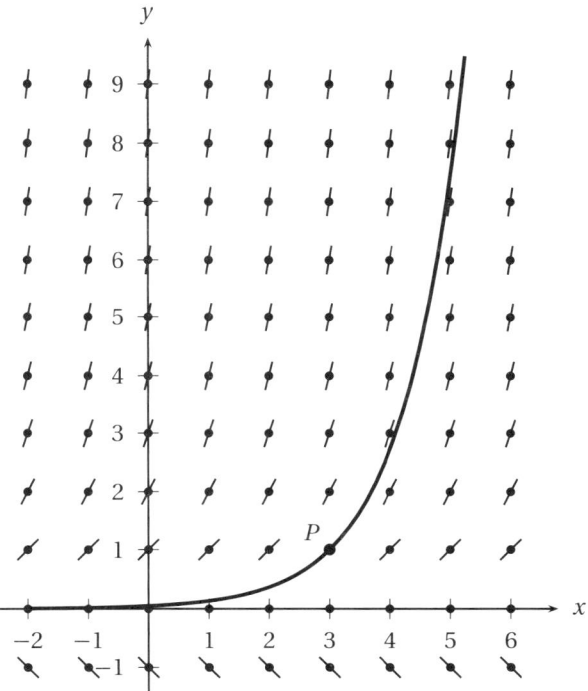

Abbildung 7.5: Tangentialkurve durch einen Punkt P in einem Richtungsfeld.

7.4.2 Trajektorien

Wir stellen die folgende Frage: Gegeben sei ein Richtungsfeld, welches durch eine Funktion $f = f(x, y)$ definiert wird, sowie ein Punkt P im Koordinatensystem. Wie lässt sich eine Funktion $y = y(x)$ finden, deren Graph durch den Punkt P geht und zum gegebenen Richtungsfeld überall tangential verläuft (siehe Abbildung 7.5)?

Um diese Frage zu beantworten, betrachten wir einen beliebigen Punkt Q mit Koordinaten $(\bar{x}, \bar{y})$ im Richtungsfeld. Die Steigung $\bar{f}$ bei Q ist gegeben durch

$$\bar{f} = f(\bar{x}, \bar{y}).$$

Angenommen, der Graph der gesuchten Funktion $y = y(x)$ geht durch den Punkt Q. Dann gilt $\bar{f} = y(\bar{x})$. Ausserdem ist der Graph der Funktion y bei Q tangential zur vorgegebenen Richtung $\bar{f}$. Dies bedeutet, dass das Verhältnis

$$\frac{\text{lokale Veränderung des Graphen von } y \text{ bei } Q \text{ in vertikaler Richtung}}{\text{lokale Veränderung des Graphen von } y \text{ bei } Q \text{ in horizontaler Richtung}}$$

gerade gleich $\bar{f}$ ist. Wenn wir die lokale Veränderung in horizontaler Richtung als Δx bezeichnen (wobei Δx beliebig klein ist), dann ist die entsprechende lokale Veränderung in vertikaler Richtung gegeben durch

$$\Delta y = y(\bar{x} + \Delta x) - y(\bar{x}).$$

Daraus folgt:

$$\bar{f} \approx \frac{\Delta y}{\Delta x} = \frac{y(\bar{x} + \Delta x) - y(\bar{x})}{\Delta x}.$$

Wir beobachten, dass hier ein Differenzenquotient von y beim Punkt $Q : (\bar{x}, \bar{y})$ vorliegt (vgl. (3.5)). Mit $\Delta x \to 0$ wird die obige Approximation immer genauer, und der Differenzenquotient konvergiert gegen die Ableitung von y bei $\bar{x}$. Somit erhalten wir die Gleichung

$$\bar{f} = \lim_{\Delta x \to 0} \frac{y(\bar{x} + \Delta x) - y(\bar{x})}{\Delta x} = y'(\bar{x});$$

siehe (3.6). Mit

$$\bar{f} = f(\bar{x}, \bar{y}) = f(\bar{x}, y(\bar{x}))$$

folgt:

$$f(\bar{x}, y(\bar{x})) = y'(\bar{x}).$$

Da der Punkt Q beliebig gewählt war, erhalten wir die folgende Tatsache:

Es sei $f = f(x, y)$ eine Funktion, welche ein Richtungsfeld in der Ebene definiert. Weiter sei $y = y(x)$ eine differenzierbare Funktion, deren Graph in jedem Punkt *tangential* zum gegebenen Richtungsfeld ist. Dann muss die Beziehung

$$y'(x) = f(x, y(x))$$

für alle x im Definitionsbereich von y gelten. Der Graph von y heisst dann **Trajektorie** im Richtungsfeld von f.

Auch die Umkehrung dieser Aussage gilt: Jede differenzierbare Funktion y, welche die obige Gleichung erfüllt, hat einen Graph, der tangential zum gegebenen Richtungsfeld f ist.

Physikalisch gesehen, kann man ein Richtungsfeld als Strömung (beispielsweise in einem Gewässer) interpretieren. Die Trajektorien sind dann Pfade (sogenannte *Stromlinien*), entlang deren sich in der Strömung schwimmende Partikel bewegen.

7.4.3 Phasendiagramme für Differentialgleichungen

Wir betrachten nun das Differentialgleichungsproblem (7.22) mit einer Anfangsbedingung. Das entsprechende Anfangswertproblem ist gegeben durch

$$y'(t) = f(t, y(t)), \qquad y(t_0) = y_0, \tag{7.25}$$

wobei t_0 ein gegebener Anfangszeitpunkt und y_0 ein entsprechender Anfangswert ist. Gesucht ist also eine Funktion $y = y(t)$, welche die obige Differentialgleichung erfüllt und deren Graph durch den Anfangspunkt (t_0, y_0) geht.

Mit Bezug zum vorherigen Abschnitt können wir die (gegebene) Funktion f mit einem Richtungsfeld in der Ebene (genauer im (t, y)-Koordinatensystem) identifizieren. Im Zusammenhang mit Differentialgleichungen wird eine derartige Darstellung **Phasendiagramm** von (7.22) genannt. Wir wissen, dass der Graph der Lösungsfunktion $y(t)$ des Anfangswertproblems (7.25) durch den Punkt (t_0, y_0) im Phasendiagramm geht und in jedem Punkt tangential zum durch die Funktion f gegebenen Richtungsfeld verläuft. Mit anderen Worten: Jede Lösung $y(t)$ von (7.25) beschreibt eine Trajektorie im gegebenen Richtungsfeld, welche durch den Anfangspunkt (t_0, y_0) geht. Physikalisch gesprochen, ist der Graph von $y(t)$ die Bahn eines Teilchens, welches beim Anfangspunkt startet und sich durch die Strömung im Richtungsfeld treiben lässt.

Aus dieser Beobachtung lässt sich eine einfache grafische Lösungsmethode für das Anfangswertproblem (7.25) gewinnen. Auch hier ist die physikalische Sichtweise hilfreich: Durch Aufzeichnen des durch f gegebenen Richtungsfeldes ergibt sich ein Strömungsfeld in der Ebene. Für jeden Anfangspunkt (t_0, y_0) ist dann der Graph der Lösung $y(t)$ von (7.25) die Bahn eines Partikels, welches bei diesem Anfangspunkt startet und sich entlang der Strömung bewegt.

Beispiel 7.26 Wir betrachten die Differentialgleichung

$$y'(t) = \frac{1}{2} y(t) \left(1 - \frac{y(t)}{3} \right) \tag{7.27}$$

mit der Anfangsbedingung

$$y(0) = 1.$$

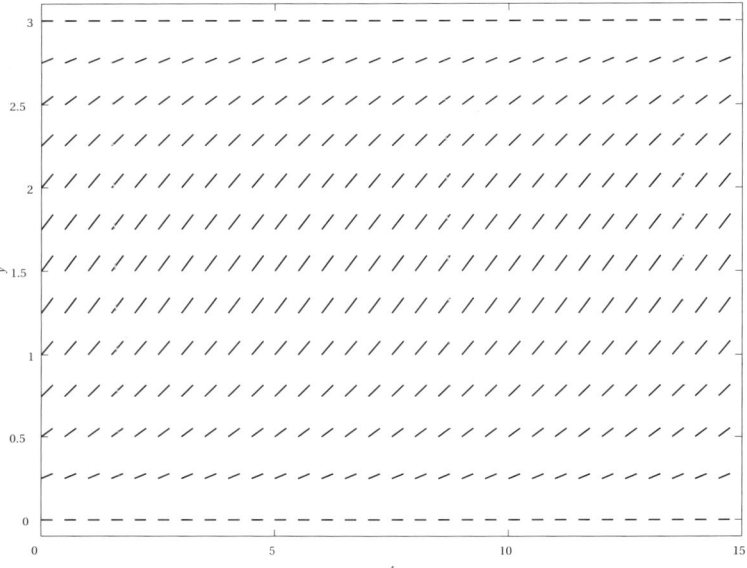

Abbildung 7.6: Phasendiagramm für die logistische Gleichung (7.27).

Dies ist die logistische Gleichung (5.18) im Spezialfall $r = 1/2$ und $K = 3$. Hier ist

$$f(t,y) = \frac{1}{2}y\left(1 - \frac{y}{3}\right).$$

Das entsprechende Phasendiagramm zeichnen wir im Bereich

$$0 \le t \le 15, \qquad 0 \le y \le 3.$$

Wir benutzen dazu den Befehl quiver in OCTAVE. Genauer gesagt, erzeugen wir die Abbildung 7.6 mit Hilfe der folgenden Programmzeilen:

```
octave:1> t = 0:0.5:15;
octave:2> y = 0:0.25:3;
octave:3> [T,Y] = meshgrid(t,y);
octave:4> Z = Y/2.*(1-Y/3);
```

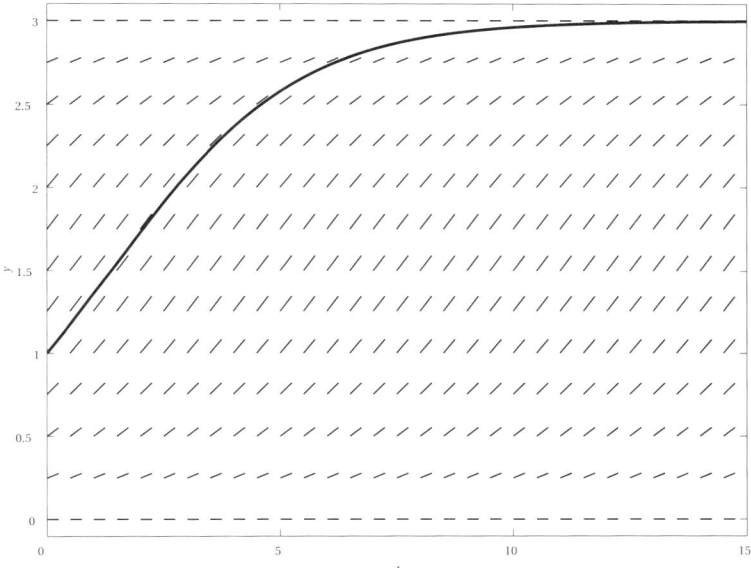

Abbildung 7.7: Stromlinie für die logistische Gleichung (7.27) mit $y(0) = 1$.

```
octave:5> quiver(T,Y,ones(size(T)),Z,0.5,'.')
octave:6> axis([0 15 -0.1 3.1])
```

Die ersten zwei Zeilen definieren den betrachteten Bereich. Die Funktion, welche das Richtungsfeld definiert, ist in der vierten Zeile abgedruckt.

In Abbildung 7.6 lässt sich nun deutlich der Verlauf der Stromlinien und damit der Lösungen von (7.27) erkennen. Genauer gesagt, verläuft die Strömung in Richtung Nord-Osten bis zur oberen Grenze $K = 3$, wo sie in die Horizontale abflacht; vgl. Abbildung 5.7.

Wir beziehen die Anfangsbedingung $y(0) = 1$ noch mit ein. Dazu betrachten wir jene Stromlinie, welche beim Punkt $(0, 1)$ startet; siehe Abbildung 7.7. Dies ist die grafische Lösung des Anfangswertproblems.   □

7.5   Numerische Verfahren

Viele Differentialgleichungen, die in der Praxis auftreten, sind entweder schwierig oder überhaupt nicht durch eine "einfache" Formel lösbar. Ein Beispiel ist das Anfangswertproblem

$$y'(t) = y(t)^2 + t^2, \qquad y(0) = 1,$$

dessen Lösung sich nicht durch elementare Funktionen darstellen lässt.

Hier bieten numerische Näherungsverfahren attraktive Möglichkeiten. Zwar liefern numerische Methoden keine analytischen Lösungsformeln, dennoch lassen sich Lösungen oftmals genügend oder sogar beliebig genau (d. h. im Rahmen der entsprechenden Rechnerumgebung) berechnen.

Die Grundidee der meisten numerischen Verfahren zur Lösung von Anfangswertproblemen ist die Approximation der gegebenen Differentialgleichung, welche als kontinuierliches Zeitmodell verstanden werden kann, durch ein diskretes Zeitmodell. Der entsprechende Näherungsprozess heisst **Diskretisierung**:

7.5.1   Beispiele von numerischen Methoden

Wir werden im Folgenden einige einfache numerische Näherungsverfahren für das Anfangswertproblem (7.25) herleiten. Hierbei nehmen wir der Einfachheit halber an, dass $t_0 = 0$. Die Lösung von (7.25) werden wir näherungsweise in den Zeitpunkten

$$t_1 = \Delta t, \quad t_2 = 2\Delta t, \quad t_3 = 3\Delta t, \quad \ldots, \quad t_n = n\Delta t$$

berechnen, wo $\Delta t > 0$ ein vorgegebener Abstand, die sogenannte *Schrittweite*, ist. In anderen Worten: Wir suchen möglichst gute Näherungen für die *exakten* Lösungswerte

$$y(t_1), \quad y(t_2), \quad y(t_3), \quad \ldots, \quad y(t_n).$$

Die entsprechenden *numerischen* Näherungslösungswerte bezeichnen wir mit

$$y_1, \quad y_2, \quad y_3, \quad \ldots, \quad y_n.$$

In Abbildung 7.8 stellen wir diese Werte beispielhaft dar.

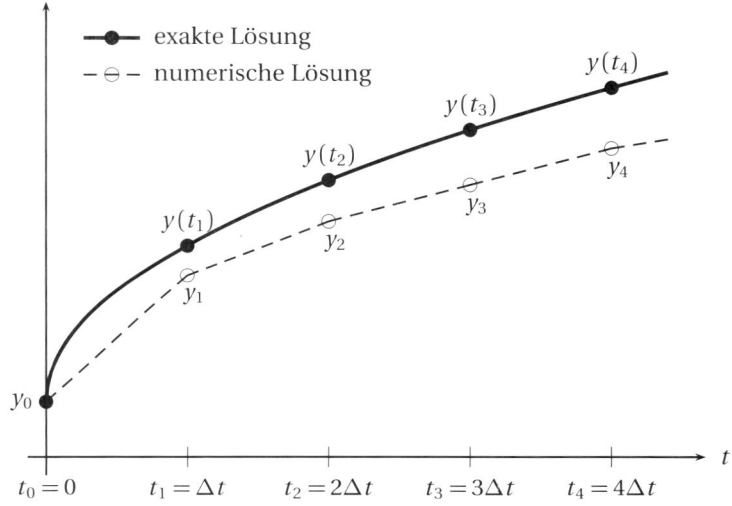

Abbildung 7.8: Exakte und numerische Lösung.

Um Lösungsverfahren zu finden, integrieren wir die Differentialgleichung aus (7.25) zunächst von 0 bis $t_1 = \Delta t$:

$$\int_0^{t_1} y'(t)\,dt = \int_0^{t_1} f(t, y(t))\,dt.$$

Mit dem Hauptsatz der Integralrechnung folgt:

$$y(t_1) = y(0) + \int_0^{t_1} f(t, y(t))\,dt = y_0 + \int_0^{t_1} f(t, y(t))\,dt. \qquad (7.28)$$

Nun approximieren wir das Integral durch eine geeignete Näherung. Dafür gibt es viele verschiedene Möglichkeiten. Beispielsweise gilt für kleines Δt, dass

$$f(t, y(t)) \approx f(0, y(0)) = f(0, y_0)$$

für alle t zwischen 0 und $t_1 = \Delta t$, d. h., wir approximieren alle Funktionswerte von f im Bereich $0 \leq t \leq t_1$ durch den Funktionswert bei $t = 0$. Es folgt dann

$$y(t_1) = y_0 + \int_0^{t_1} f(t, y(t))\,dt \approx y_0 + \int_0^{t_1} f(0, y_0)\,dt.$$

Da $f(0,y_0)$ konstant ist, entspricht das letztere Integral einer Rechtecksfläche mit Höhe $f(0,y_0)$ und Breite $\Delta t = t_1 - 0$. Deshalb:

$$y(t_1) \approx y_0 + f(0,y_0)\Delta t.$$

Genau gleich gilt, dass

$$y(t_2) \approx y(t_1) + f(t_1, y(t_1))\Delta t$$
$$y(t_3) \approx y(t_2) + f(t_2, y(t_2))\Delta t$$
$$y(t_4) \approx y(t_3) + f(t_3, y(t_3))\Delta t$$
$$\vdots$$
$$y(t_n) \approx y(t_{n-1}) + f(t_{n-1}, y(t_{n-1}))\Delta t.$$

Jetzt ersetzen wir die exakten Lösungswerte $y(t_1), y(t_2), y(t_3), \ldots$, durch deren numerische Näherungen $y_1, y_2, y_3, \ldots$. Gleichzeitig tauschen wir das $\approx$ Zeichen durch ein Gleichheitszeichen um. Wir erhalten dadurch die folgenden Beziehungen für die Berechnung der numerischen Näherungswerte:

$$y_1 = y_0 + f(0,y_0)\Delta t$$
$$y_2 = y_1 + f(t_1, y_1)\Delta t$$
$$y_3 = y_2 + f(t_2, y_2)\Delta t$$
$$y_4 = y_3 + f(t_3, y_3)\Delta t$$
$$\vdots$$

Wir erkennen, dass wir anhand des Startwerts y_0 die Werte $y_1, y_2, y_3, \ldots$ einfach berechnen können. Allgemein erhalten wir die Näherungslösung y_n zum Zeitpunkt $t_n = n\Delta t$ aus dem Näherungswert y_{n-1} zur Zeit $t_{n-1} = (n-1)\Delta t$ durch die Formel

$$y_n = y_{n-1} + f(t_{n-1}, y_{n-1})\Delta t, \qquad n = 1, 2, 3, \ldots. \tag{7.29}$$

Diese numerische Methode heisst **explizites Eulerverfahren**.

Beispiel 7.30 Wir betrachten die Differentialgleichung aus Beispiel 7.23 und legen die Anfangssituation fest als $y(0) = 3$. Zur näherungsweisen Lösung wählen wir die Schrittweite $\Delta t = 1/2$. Mit $y_0 = 3$ gilt

$$y_1 = y_0 + \Delta t\, f(0, y_0) = y_0 + \frac{1}{2}\left(\frac{1}{10}y_0^2 + \sqrt{0}\right) = 3 + 0.45 = 3.45.$$

Die näherungsweise Lösung zum Zeitpunkt $t_1 = 1 \cdot \Delta t = 1/2$ ist also

$$y(1/2) \approx 3.45.$$

Weiter erhalten wir zum Zeitpunkt $t_2 = 2\Delta t = 1$:

$$y_2 = y_1 + \Delta t \, f(t_1, y_1) = y_1 + \Delta t \left(\frac{y_1^2}{10} + \sqrt{t_1} \right) = 3.45 + \frac{1}{2} \left(\frac{3.45^2}{10} + \sqrt{0.5} \right)$$

$$= 4.398678\ldots,$$

d. h.

$$y(1) \approx 4.398678\ldots.$$

Um eine Verbesserung der numerischen Lösung zu erwirken, scheint es natürlich zu sein, eine kleinere Schrittweite, zum Beispiel $\Delta t = 0.1$, zu wählen. Um die Näherungslösung bei $t = 1/2$ zu bestimmen, müssen wir nun 5 Schritte berechnen, nämlich bei

$$t_1 = 0.1, \quad t_2 = 0.2, \quad t_3 = 0.3, \quad t_4 = 0.4, \quad t_5 = 0.5.$$

Man berechnet:

$$y_1 = 3.09$$
$$y_2 = 3.217103\ldots$$
$$y_3 = 3.365322\ldots$$
$$y_4 = 3.533348\ldots$$
$$y_5 = 3.721440\ldots$$

Eine noch kleinere Schrittweite Δt wird die numerische Lösung weiter verbessern. Allerdings sind bei kleineren Schrittweiten mehr Berechnungsschritte nötig, um die Lösung bei einem vorgegebenen Punkt zu bestimmen. Diese Beobachtung ist in der Numerik typisch: höhere Genauigkeit erfordert einen höheren Berechnungsaufwand. Allerdings kann diesem Effekt durch die Wahl eines raffinierteren Näherungsverfahrens oftmals erfolgreich entgegengewirkt werden. $\square$

Bei der Herleitung des expliziten Eulerverfahrens haben wir das Integral

$$\int_0^{t_1} f(t, y(t)) \, dt$$

aus (7.28) durch den Wert $f(0, y(0))\Delta t$ approximiert. Alternativ könnten wir die folgende Näherung verwenden:

$$\int_0^{t_1} f(t, y(t))\,\mathrm{d}t \approx f(t_1, y(t_1))\Delta t.$$

Damit ergibt sich dann das numerische Verfahren

$$y_1 = y_0 + f(t_1, y_1)\Delta t$$
$$y_2 = y_1 + f(t_2, y_2)\Delta t$$
$$y_3 = y_2 + f(t_3, y_3)\Delta t$$
$$y_4 = y_3 + f(t_4, y_4)\Delta t$$
$$\vdots$$

Die Situation ist hier etwas komplizierter als beim expliziten Eulerverfahren. Betrachten wir die erste Gleichung, so erkennen wir, dass der gesuchte Näherungswert y_1 *implizit* als Argument der Funktion f gegeben ist. Dies läuft typischerweise darauf hinaus, dass die Bestimmung von y_1 das Auflösen einer Gleichung erfordert. Gleiches gilt für die weiteren Gleichungen. Diese Methode heisst dementsprechend **implizites Eulerverfahren**. Es ist allgemein gegeben durch die Vorschrift

$$y_n = y_{n-1} + f(t_n, y_n)\Delta t, \qquad n = 1, 2, 3, \ldots.$$

Während implizite Verfahren in jedem Berechnungsschritt das Lösen einer Gleichung und damit einen erhöhten Berechnungsaufwand erfordern, weisen sie wesentlich bessere Stabilitätseigenschaften auf. Diesen Aspekt werden wir im Abschnitt 7.5.3 untersuchen.

    Wir wollen im Folgenden zwei weitere numerische Verfahren kennenlernen. Es handelt sich zum einen um eine implizite Methode, zum anderen um eine explizite Variante. Wir approximieren wiederum das Integral

$$\int_0^{t_1} f(t, y(t))\,\mathrm{d}t$$

aus (7.28). Wir verwenden dazu den Mittelwert der Funktionswerte von f bei $t = 0$ und $t = t_1$ wie bei der Trapezregel (2.19):

$$\int_0^{t_1} f(t, y(t))\,\mathrm{d}t \approx \frac{\Delta t}{2}\left(f(0, y(0)) + f(t_1, y(t_1))\right).$$

Diese Approximation führt zur sogenannten **Trapezmethode**:

$$y_n = y_{n-1} + \frac{1}{2}\left(f(t_{n-1}, y_{n-1}) + f(t_n, y_n)\right)\Delta t, \qquad n = 1, 2, 3, \ldots.$$

Das Verfahren ist implizit, da die Berechnung von y_n aus y_{n-1} das Lösen einer Gleichung beinhaltet. Allerdings lässt sich hier einfach eine explizite Variante konstruieren, indem wir den implizit auftretenden Wert y_n durch einen Schritt mit dem expliziten Eulerverfahren (7.29) ersetzen. Daraus ergibt sich das **Heun-Verfahren**, welches auch **Runge-Kutta-Verfahren 2. Ordnung (RK2)** heisst:

$$y_n = y_{n-1} + \frac{1}{2}\left(f(t_{n-1}, y_{n-1}) + f(t_n, y_{n-1} + \Delta t\, f(t_{n-1}, y_{n-1}))\right)\Delta t,$$

für $n = 1, 2, 3, \ldots$. Hier lässt sich der Wert y_n direkt, d. h. ohne das Lösen einer Gleichung, aus dem Wert y_{n-1} bestimmen.

7.5.2 Numerische Lösung mit Hilfe von OCTAVE

Die oben beschriebenen Verfahren lassen sich in OCTAVE als Funktionen realisieren. Als Beispiel betrachten wir das Anfangswertproblem

$$y'(t) = -3t\, y(t) + 2, \qquad y(0) = 1. \tag{7.31}$$

Hier ist $f(t, y) = -3t\, y + 2$ und $y_0 = 1$. Die explizite Eulermethode für dieses Problem können wir nun wie folgt implementieren:

```
1   function y = exEuler(y0,Dt,T)
2
3   f = inline('-3*t*y+2','t','y');
4
5   N = T/Dt;
6
7   y = zeros(N+1,1);
8   y(1) = y0;
9
10  for n=1:N
11      y(n+1) = y(n) + Dt*f((n-1)*Dt,y(n));
12  end;
13
14  return;
```

Die Eingabewerte sind der Anfangswert y_0 = y0, die Schrittweite Δt = Dt sowie der maximale Zeitpunkt T, bis zu welchem die numerische Lösung berechnet werden soll. Die Funktion f wird in Zeile 3 definiert. In Zeile 5 berechnen wir die Anzahl N der Schritte mit Schrittweite Dt bis zum Zeitpunkt T. Zeile 7 initialisiert eine Ausgabeliste y, deren Einträge die numerischen Näherungswerte der Lösung bei den Punkten $t = 0, \Delta t, 2\Delta t, \ldots, N\Delta t$ werden sollen. Der Befehl in Zeile 8 ordnet dem ersten Listeneintrag in y den Wert y0 zu. In den Zeilen 10 bis 12 wird dann das eigentliche numerische Verfahren realisiert: Für n=1,2,3,...,N wird die Formel (7.29) ausgewertet und die entsprechenden Werte als Einträge in der Liste y gespeichert. Die obigen Zeilen werden (ohne die Zeilennummern) in einer Datei exEuler.m abgespeichert. Anschliessend kann der Code in OCTAVE aufgerufen werden: Wir testen dies mit y0=1, Dt=0.1 und T=1:

```
octave:1> y = exEuler(1,0.1,1)

y =

    1.0000
    1.2000
    1.3640
    1.4822
    1.5488
    1.5629
    1.5285
    1.4534
    1.3481
    1.2246
    1.0940
```

Bei der Implementierung eines impliziten Verfahrens muss zusätzlich in jedem Schritt eine Gleichung gelöst werden. In der Praxis wird dies häufig mit dem Newton-Raphson-Verfahren (siehe Abschnitt 3.6) oder einer geeigneten Variante durchgeführt.

OCTAVE hat selbst eine vordefinierte Funktion zur numerischen Lösung von Anfangswertproblemen der Form (7.25). Diese wird mit dem Befehl lsode aufgerufen. Eingegeben wird die Funktion f aus (7.25), der Anfangswert y_0 und die Punkte t, bei welchen die Lösung berechnet werden soll. Wir wollen die numerische Lösung für das Anfangswertproblem (7.31) bei den Punkten $t = 0.0, 0.1, 0.2, \ldots, 1.0$ finden. Dazu gehen wir wie folgt vor (man beachte dass bei der Definition der Funktion f in OCTAVE die Argumente y und t im Vergleich zu (7.25) umgekehrt geordnet sind):

```
octave:1> f = inline('-3*t*y+2','y','t')

f =

f(y, t) = -3*t*y+2

octave:2> y0 = 1

y0 =  1

octave:3> t = 0.0:0.1:1.0

t =

     0.00000    0.10000    0.20000    0.30000
     0.40000    0.50000    0.60000    0.70000
     0.80000    0.90000    1.00000

octave:4> y = lsode(f,y0,t)

y =

   1.0000
   1.1831
   1.3261
   1.4225
   1.4701
   1.4711
   1.4312
   1.3589
   1.2638
   1.1554
   1.0425
```

Die Liste y enthält nun die Werte der Näherungslösung bei den Zeitpunkten $t = 0.0, 0.1, 0.2, \ldots, 1.0$. Diese Werte sind leicht anders als beim expliziten Euler-

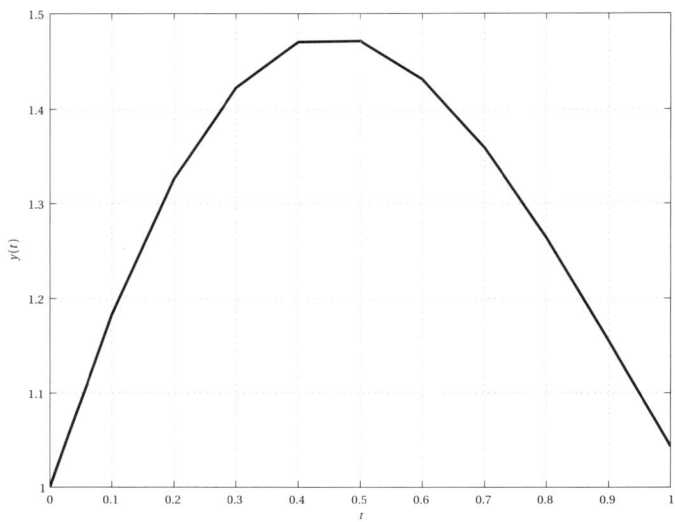

Abbildung 7.9: Numerische Lösung von (7.31).

verfahren, da mittels `lsode` ein genaueres Verfahren aufgerufen wird. Mit den Befehlen

```
octave:5> plot(t,y)
octave:6> xlabel('t')
octave:7> ylabel('y(t)')
octave:8> grid
```

kann die numerische Lösung grafisch dargestellt werden; siehe Abbildung 7.9.

7.5.3 Stabilität

Für eine beliebige feste Konstante λ sei das Anfangswertproblem

$$y'(t) = \lambda y(t), \qquad y(0) = 1 \tag{7.32}$$

gegeben. Es hat die Lösung $y(t) = e^{\lambda t}$. Der Grenzwert

$$\lim_{t \to \infty} y(t) = \lim_{t \to \infty} e^{\lambda t}$$

existiert (d. h., er ist endlich) genau dann, wenn $\lambda \leq 0$. Wir stellen uns die Frage, ob numerische Verfahren diese Eigenschaft ebenfalls besitzen, und entwickeln daraus einen Stabilitätsbegriff.[1]

Betrachten wir zunächst die explizite Eulermethode und wenden sie auf (7.32) an. Für die numerischen Lösungswerte $y_1, y_2, y_3, \dots$ bei $t_1 = \Delta t, t_2 = 2\Delta t, t_3 = 3\Delta t, \dots$ finden wir:

$$y_n = y_{n-1} + \Delta t\, \lambda y_{n-1} = (1 + \lambda \Delta t) y_{n-1}, \qquad n = 1, 2, 3, \dots$$

Daraus ergibt sich iterativ:

$$y_n = (1 + \lambda \Delta t) y_{n-1} = (1 + \lambda \Delta t)^2 y_{n-2} = (1 + \lambda \Delta t)^3 y_{n-3}$$
$$= \dots = (1 + \lambda \Delta t)^n y_0 = (1 + \lambda \Delta t)^n.$$

Somit bleibt y_n endlich für $n \to \infty$ genau unter der Bedingung, dass

$$|1 + \lambda \Delta t| \leq 1.$$

Dies ist dann erfüllt, wenn

$$-2 \leq \lambda \Delta t \leq 0.$$

Daraus wird klar, dass y_n für $n \to \infty$ und $\lambda \leq 0$ nur dann endlich bleibt, wenn Δt klein genug ist, d. h. falls

$$0 < \Delta t \leq \frac{-2}{\lambda} = \frac{2}{|\lambda|}.$$

Die Eigenschaft der exakten Lösung von (7.32), dass $y(t)$ für $\lambda \leq 0$ und $t \to \infty$ endlich bleibt, ist beim expliziten Eulerverfahren also nur dann erfüllt, wenn die Schrittweite klein genug ist. Diese Einschränkung an die Schrittweite Δt ist eine Stabilitätseigenschaft der Methode, die typisch ist für explizite Verfahren.

Wenden wir uns nun dem impliziten Eulerverfahren zu. Angewandt auf (7.32) erhalten wir

$$y_n = y_{n-1} + \Delta t\, \lambda y_n,$$

und daraus

$$y_n = \frac{1}{1 - \Delta t\, \lambda} y_{n-1}.$$

---

[1] Wir bemerken, dass es für Methoden zur numerischen Behandlung von Anfangswertproblemen verschiedene Stabilitätsbegriffe gibt. Insbesondere können sie innerhalb der Fachliteratur in ihrer Bedeutung etwas variieren.

Durch Iteration, wie zuvor, finden wir:

$$y_n = \left(\frac{1}{1 - \Delta t \lambda} \right)^n y_0.$$

Die Folge y_n bleibt endlich für $n \to \infty$, falls

$$\left| \frac{1}{1 - \Delta t \lambda} \right| \leq 1,$$

d. h., wenn gilt, dass

$$|1 - \Delta t \lambda| \geq 1.$$

Diese Bedingung ist erfüllt, falls

$$\lambda \Delta t \leq 0 \qquad \text{oder} \qquad \lambda \Delta t \geq 2.$$

Insbesondere folgt aus der ersten Ungleichung, dass

$$\lambda \leq 0,$$

da $\Delta t > 0$. Die numerische Lösung bleibt somit – genau gleich wie die exakte Lösung – für alle $\lambda \leq 0$ endlich (mit $n \to \infty$), und zwar für beliebige Schrittweite $\Delta t > 0$.

Ein numerisches Verfahren heisst **bedingungslos stabil**, wenn es bei Anwendung auf das Modellproblem (7.32) eine Folge $y_1, y_2, y_3, \ldots$ von numerischen Näherungswerten generiert, welche für jedes $\lambda \leq 0$ und beliebige Schrittweite $\Delta t > 0$ endlich bleibt für $n \to \infty$. Ansonsten heisst das Verfahren **bedingt stabil**; die Menge aller Produkte $\lambda \Delta t$, für welche die numerische Lösungsfolge endlich bleibt, nennen wir dann **(reellen[2]) Stabilitätsbereich**.

Beispiel 7.33 Der (reelle) Stabilitätsbereich der expliziten Eulermethode ist die Menge aller (reellen) Zahlen x mit der Eigenschaft $-2 \leq x \leq 0$. Beim impliziten Eulerverfahren besteht diese Menge aus allen (reellen) Zahlen x, so dass $x \leq 0$ oder $x \geq 2$; die erste Ungleichung zeigt, dass die Methode bedingungslos stabil ist. □

---

[2]Der hier betrachtete Begriff des Stabilitätsbereichs wird in der Fachliteratur oftmals auf komplexwertige Zahlen λ ausgedehnt. Der Stabilitätsbereich eines numerischen Verfahrens besteht dann nicht nur aus Teilabschnitten der reellen Zahlenachse, sondern ist typischerweise gegeben durch eine Fläche in der komplexen Zahlenebene $\mathbb{C}$.

Grundsätzlich gilt, dass implizite Verfahren bedingungslos stabil sind. Im Gegensatz dazu sind explizite Methoden bedingt stabil, mit einem verfahrensabhängigen reellen Stabilitätsbereich. Wir bemerken noch, dass die Stabilität eines Verfahrens keine Aussage macht über die Genauigkeit einer Methode. Letzterer Begriff hängt mit der sogenannten *Konsistenz* eines Verfahrens zusammen, die wir hier nicht behandeln.

7.6 Übungsaufgaben

7.1 Gilt das Superpositionsprinzip für die inhomogene Differentialgleichung (7.3)? Begründen Sie Ihre Antwort.

7.2 (a) Finden Sie die Lösung $S(t)$ des Mischungsproblems aus Anwendung 5.14. Was geschieht langfristig, d. h. für $t \to \infty$?

  (b) Angenommen, die anfängliche Salzkonzentration $k(0)$ im Tank sei ungleich null. Spielt dies aus Sicht der langfristigen Entwicklung des Prozesses eine Rolle?

7.3 (a) Finden Sie eine Lösung $T(t)$ für das Problem aus Übung 5.9.

  (b) Eine Tasse Tee mit kochend heissem Wasser steht in einem Wohnzimmer mit einer Temperatur von 20° C. Nach 10 Minuten hat sich der Tee auf 45° C abgekühlt. Geben Sie die Temperaturfunktion $T(t)$ für den Tee explizit an.

7.4 Wir betrachten das Anfangswertproblem

$$y'(t) - 2y(t) = 3t, \qquad y(0) = 2.$$

Die Lösung der *homogenen* Differentialgleichung

$$y'(t) - 2y(t) = 0$$

ist gegeben durch $y(t) = Ce^{2t}$, wobei C eine beliebige Konstante ist. Um nun eine Lösung des obigen *inhomogenen* Problems zu finden, versuchen wir den Ansatz

$$y(t) = C(t)e^{2t},$$

wobei wir jetzt $C = C(t)$ nicht mehr als Konstante, sondern als zeitabhängige Funktion annehmen.

  (i) Berechnen Sie $y'(t)$ formal aus dem obigen Ansatz.

(ii) Setzen Sie die Formel für y' aus (i) in die inhomogene Differentialgleichung ein und leiten Sie daraus eine Gleichung für C ab.

(iii) Bestimmen Sie die Funktion $C(t)$ in möglichst allgemeiner Form.

(iv) Finden Sie die Lösung des obigen Anfangswertproblems unter Einbezug der Anfangsbedingung.

Die hier beschriebene Lösungsmethode heisst *Variation der Konstanten*.

7.5 Ein Gefäss, das mit Wasser gefüllt ist, hat die Form eines auf der Spitze stehenden kreisförmigen Zylinders mit Grundkreisradius R und Höhe h_0. In der Spitze wird ein kleines Loch mit Fläche A geöffnet, so dass Wasser ausfliesst. Stellen Sie eine Differentialgleichung für die Höhe h des Wasserspiegels auf. Wie lange dauert es, bis das Gefäss leer ist?

7.6 Eine horizontal schwingende Feder erfährt eine Reibung, die proportional zu ihrer aktuellen Geschwindigkeit ist (z. B. durch eine zähe Flüssigkeit).

(a) Modellieren Sie die Federbewegung mit Hilfe einer Differentialgleichung.

(b) Setzen Sie alle Konstanten in der Differentialgleichung aus (a) auf 1 (ohne Vorzeichenwechsel!) und finden Sie die allgemeine Lösung der vereinfachten Differentialgleichung.

(c) Lösen Sie die Differentialgleichung aus (b) unter der Annahme, dass die Feder anfänglich um eine Distanz d aus der Ruhelage heraus ausgezogen und dann losgelassen wird. Skizzieren Sie die Lösungsfunktion.

(d) Die Feder wird zusätzlich angeregt durch eine periodische Kraft $f(t) = \sin(3t)$. Finden Sie jetzt die Lösung unter den Anfangsbedingungen aus (c).

7.7 In einer Gegend droht eine Tierart auszusterben. Sie nimmt proportional zu ihrer aktuellen Grösse ab. Es werden nun (Zeitpunkt $t = 0$) während jeder Zeiteinheit (z. B. jedes Jahr) 10 Tiere in der Region ausgesetzt, um den Bestand zu retten. Modellieren Sie diese Situation mit einer Differentialgleichung und lösen Sie diese unter der Annahme, dass der anfängliche Bestand 100 Tiere beträgt. Welche Grösse wird die Population langfristig haben?

7.8 Finden Sie die allgemeine Lösung der folgenden Differentialgleichungen.

(a) $y''(t) - 3y'(t) + 4y(t) = 0$

(b) $y''(t) - y'(t) = 1$

(c) $y''(t) + y(t) = 3e^t$

(d) $y''(t) + 2y'(t) + y(t) = \cos(t)$

7.9 Lösungen von Anfangswertproblemen sind nicht immer eindeutig. Betrachten Sie

$$y'(t) = \sqrt{y(t)}, \qquad y(0) = 0,$$

und finden Sie zwei verschiedene Lösungen dieses Problems. Zeichnen Sie weiter das Phasendiagramm der obigen Differentialgleichung und machen Sie plausibel, dass die Lösung des Anfangswertproblems eindeutig ist, wenn $y(0) > 0$ gewählt wird. Wie lässt sich die Tatsache erklären, dass der Fall $y(0) = 0$ eine Sonderrolle einnimmt?

7.10 Erstellen Sie für die logistische Gleichung (7.27) ein Phasendiagramm im Bereich $0 \leq t \leq 10$, $0 \leq y \leq 5$. Finden Sie die grafische Lösung für die Anfangsbedingungen

(a) $y(0) = 0.5$ (b) $y(0) = 4$.

Kommentieren Sie den Unterschied im qualitativen Lösungsverhalten der logistischen Gleichung (5.18), wenn der Anfangswert $y(0)$ kleiner oder grösser als die obere Schranke K ist.

7.11 Bestimmen Sie den (reellen) Stabilitätsbereich der Trapezmethode und zeigen Sie, dass dieses Verfahren bedingungslos stabil ist.

7.12 Bestimmen Sie den (reellen) Stabilitätsbereich des Heunverfahrens. Angenommen, $\lambda = 1000$ in der Modellgleichung (7.32), wie gross darf dann Δt höchstens gewählt werden, um die Stabilität zu wahren?

7.13 Wir betrachten das Anfangswertproblem

$$y'(t) = \sin(10y(t)), \qquad y(t) = 1.$$

Berechnen Sie eine Näherung der exakten Lösung im Bereich $0 \leq t \leq 5$ mit der expliziten Eulermethode für verschiedene Schrittweiten $\Delta t = 0.5, 0.25, 0.1, 0.05$. Was stellen Sie fest, und wie lassen sich die Beobachtungen erklären?

7.14 Es ist bekannt, dass das Trapezverfahren üblicherweise eine höhere Genauigkeit als die explizite Eulermethode aufweist. Dies wollen wir anhand des Modellproblems

$$y'(t) = y(t), \qquad y(0) = 1$$

untersuchen.

(a) Zeigen Sie, dass sich die Näherungswerte der exakten Lösung bei $t = 1$, welche durch das explizite Eulerverfahren respektive durch die Trapezmethode berechnet werden, durch die Formeln

$$(1 + \Delta t)^{1/\Delta t}, \qquad \left(\frac{2 + \Delta t}{2 - \Delta t} \right)^{1/\Delta t}$$

darstellen lassen.

(b) Werten Sie die obigen Näherungsformeln für verschiedene Schrittweiten

$$\Delta t = 1, 0.1, 0.01, 0.001, 0.0001, 0.00001$$

aus und vergleichen Sie Ihre Ergebnisse mit der exakten Lösung $y(1) = e$. Erstellen Sie dazu eine geeignete Wertetabelle zur systematischen Darstellung und kommentieren Sie Ihre Beobachtungen.

(c) Ziehen Sie die implizite Eulermethode und das Heunverfahren in Ihre Untersuchungen mit ein. Vergleichen Sie alle vier Verfahren bezüglich Genauigkeit.

7.15 Wir betrachten die Pendelgleichung (5.11),

$$\alpha''(t) + \frac{g}{\ell} \sin(\alpha(t)) = 0.$$

Der Einfachheit halber nehmen wir an, dass zahlenmässig $\ell = g$ gilt. Das Pendel wird *ein wenig* im Uhrzeigersinn ausgelenkt und losgelassen. Dies entspricht den Anfangsbedingungen

$$\alpha(0) = \alpha_0, \qquad \alpha'(0) = 0,$$

für kleine Anfangsauslenkung $\alpha_0 > 0$.

(a) Für kleine Winkel x gilt die Näherung

$$\sin(x) \approx x.$$

Erklären Sie diese Tatsache mit Hilfe der Taylorentwicklung der Sinusfunktion in der Nähe von 0.

(b) Vereinfachen Sie die Pendelgleichung anhand der Näherung in (a) und lösen Sie das entsprechende Anfangswertproblem von Hand.

(c) Um die Pendelgleichung numerisch zu lösen, ist es handlich, sie als ein (gekoppeltes) *Differentialgleichungssystem*, welches nur erste Ableitungen enthält, zu schreiben. Dazu definieren wir eine zusätzliche, unbekannte Funktion $\beta(t) = \alpha'(t)$. Drücken Sie $\beta'(t)$ mit Hilfe der Pendelgleichung durch $\alpha(t)$ aus. Daraus folgt dann das gekoppelte System

$$\alpha'(t) = \beta(t)$$
$$\beta'(t) = \dots$$

Formulieren Sie für dieses System die explizite Eulermethode, indem Sie das Verfahren auf jede der beiden Gleichungen separat anwenden. Schreiben Sie weiter eine OCTAVE-Funktion zur numerischen Berechnung der Pendelschwingung.

7.16 Schreiben Sie die Differentialgleichung aus Übung 5.2 als System von Differentialgleichungen wie in Aufgabe 7.15 (c) und führen Sie eine Simulation, basierend auf

(a) dem expliziten Eulerverfahren

(b) der Heunmethode

durch.

7.17 Chemische Reaktionen werden gelegentlich durch Differentialgleichungssysteme modelliert. Wir betrachten drei Chemikalien, die miteinander reagieren. Die jeweiligen Konzentrationen (in %) seien zeitabhängig und gegeben durch die Funktionen $A(t), B(t), C(t)$. Wir nehmen an, dass sie das folgende Differentialgleichungssystem erfüllen:

$$A'(t) = -4A(t) + 10B(t)C(t)$$
$$B'(t) = 4A(t) - 10B(t)C(t) - 3B(t)^2$$
$$C'(t) = 3B(t)^2.$$

Die Anfangskonzentrationen sind gegeben durch $A(0) = A_0$, $B(0) = B_0$, $C(0) = C_0$, wobei gilt, dass

$$A_0 + B_0 + C_0 = 1 = 100\%, \qquad A_0, B_0, C_0 \geq 0.$$

(a) Zeigen Sie mittels einer *einfachen* Rechnung, dass hier immer gilt

$$A(t) + B(t) + C(t) = 1 = 100\%$$

für alle Zeiten $t \geq 0$ (Konzentrationserhaltung).

(b) Formulieren Sie die explizite Euler-Methode für das obige System durch separate Anwendung in den einzelnen Differentialgleichungen.

(c) Führen Sie einen Schritt mit der expliziten Euler-Methode (mit $h = 1$, Startwerte $A_0 = B_0 = C_0 = \frac{1}{3}$) durch und finden Sie damit eine Approximation von $A(1)$, $B(1)$, $C(1)$. Zeigen Sie, dass die Konzentrationserhaltung auch für die diskrete Lösung gilt. Stimmt dies auch für allgemeine Startwerte und Schrittweiten?

7.18 Die *vierstufige Runge-Kutta-Methode (RK4)* ist eines der bekanntesten und meist verwendeten, expliziten Verfahren zur numerischen Lösung des Anfangswertproblems (7.25). Die Berechnung von y_n aus y_{n-1} erfolgt in vier Schritten:

$$\begin{aligned}
k_1 &= f(t_{n-1}, y_{n-1}), \\
k_2 &= f(t_{n-1} + 1/2\Delta t, y_{n-1} + 1/2\Delta t\, k_1), \\
k_3 &= f(t_{n-1} + 1/2\Delta t, y_{n-1} + 1/2\Delta t\, k_2), \\
k_4 &= f(t_{n-1} + \Delta t, y_{n-1} + \Delta t\, k_3).
\end{aligned}$$

Dann ist

$$y_n = y_{n-1} + \frac{\Delta t}{6}(k_1 + 2k_2 + 2k_3 + k_4).$$

Wir wollen das Integral

$$\int_0^{\Delta t} g(t)\,dt$$

numerisch mit der RK4-Methode berechnen. Dazu betrachten wir das Anfangswertproblem

$$y'(t) = g(t), \qquad y(0) = 0.$$

Mit dem Hauptsatz der Integralrechnung gilt dann, dass

$$y(\Delta t) = y(\Delta t) - y(0) = \int_0^{\Delta t} y'(t)\,dt = \int_0^{\Delta t} g(t)\,dt,$$

d. h., $y(\Delta t)$ ist gerade der Wert des gesuchten Integrals. Wenden Sie die RK4-Methode auf das obige Anfangswertproblem an und leiten Sie daraus ein numerisches Quadraturverfahren ab. Was fällt auf?

Anhang A

Kurzeinführung in OCTAVE

Im Folgenden geben wir eine *sehr kurze* Einführung in die Programmiersprache OCTAVE (© John W. Eaton et al.). Eine genauere Dokumentation findet sich auf der OCTAVE-Webseite:

```
http://www.gnu.org/software/octave/
```

Ebenso sei das Buch

Scientific Computing with MATLAB and Octave
A. M. Quarteroni, F. Saleri
Springer Verlag, Berlin, 3. Auflage
ISBN-10: 3642124291, ISBN-13: 978-3642124297

zur ausführlichen Lektüre empfohlen.

Grundoperationen

OCTAVE bietet die klassischen Grundoperationen

+	Addition
-	Subtraktion
*	Multiplikation
/	Division
^	Potenzieren

```
octave:1> 3+2

ans = 5


octave:2> 5-2

ans = 3


octave:3> 6*4

ans = 24


octave:4> 18/3

ans = 6


octave:5> 4^5

ans = 1024


octave:6> 4*(5-3)^3-4

ans = 28
```

Durch Anfügen von ; am Ende einer Eingabezeile wird die Ausgabe unterdrückt:

```
octave:7> 4*4;
```

keine Ausgabe

Variablen

Objekte (d.h. Zahlen, Listen etc.) können in OCTAVE in Form von Variablen abgespeichert werden (die beispielsweise als Buchstaben geschrieben werden), die dann in nachfolgenden Befehlszeilen wieder aufgerufen werden können.

```
octave:1> a = 5;
octave:2> b = 2;
octave:3> a + b

ans =  7


octave:4> c = a/b

c =  2.5000
```

Listen

Eine wichtige Fähigkeit von OCTAVE ist es, mit Listen (Vektoren) rechnen zu können. Listen werden mit [...] geschrieben. Hierbei wird zwischen "Zeilen-" und "Spaltenlisten" unterschieden. Durch das Einfügen von ; können Zeilen getrennt werden.

```
octave:1> v = [ 1 -3 4 ]

v =

   1   -3    4


octave:2> w = [ 1; 5; -3 ]

w =

   1
   5
  -3
```

Auf einen einzelnen Eintrag einer Liste kann mit Hilfe der entsprechenden Spalten- resp. Zeilennummer zugegriffen werden. Um beispielsweise den Eintrag in Zeile 2 der obigen Liste w auszugeben, schreiben wir:

```
octave:3> w(2)

ans = 5
```

Ebenso kann der dritte Eintrag in w geändert werden:

```
octave:4> w(3) = 10

w =

   1
   5
  10
```

   Auch auf Listen lassen sich die Grundoperationen + und – (Summe resp. Differenz der jeweiligen Einträge von zwei Listen) anwenden. Wichtig ist allerdings, dass die entsprechenden Listen das gleiche Format haben.

```
octave:5> z = [ 3 -2 1 ]

z =

   3  -2   1


octave:6> v+z

ans =

   4  -5   5


octave:7> w+z

error: operator +: nonconformant arguments
        (op1 is 3x1, op2 is 1x3)
```

   Im letzten Beispiel addieren wir eine Spalten- und eine Zeilenliste. Da dies zwei verschiedene Formate sind und die Rechnung deshalb nicht definiert ist, liefert OCTAVE eine Fehlermeldung.
   Die eintragsweise Multiplikation einer Liste mit einer Zahl erfolgt mit der Operation *.

```
octave:8> 3*v
```

```
ans =

    3    -9    12

octave:9> (-7)*v

ans =

   -7    21   -28
```

Eintragsweise Operationen erfolgen bei den normalen Befehlen mit einem vorgesetzten Punkt. Beispielsweise:

```
octave:1> v = [ 4 -6 ]

v =

    4   -6

octave:2> w = [ 2 1 ]

w =

    2    1

octave:3> v.*w

ans =

    8   -6

octave:4> v./w

ans =
```

```
2   -6
```

Grafische Darstellung

Einfache Graphen können mit `plot` erzeugt werden. Betrachten wir beispielsweise die Exponentialfunktion

$$f(t) = e^{-t/2}.$$

Zunächst zeichnen wir sie an den diskreten Zeitpunkten $t = 0, 1, 2, \ldots 10$. Diese Punkte lassen sich in OCTAVE einfach erzeugen:

```
octave:1> t = 0:1:10

t =

   0   1   2   3   4   5   6   7   8   9   10
```

Der Graph wird dann gezeichnet mit dem Befehl

```
octave:2> plot(t,exp(-0.5*t),'*')
```

Die Koordinatenachsen beschriften wir mit den Befehlen

```
octave:3> xlabel('t')
octave:4> ylabel('f(t)')
```

Das Ergebnis sieht wie folgt aus:

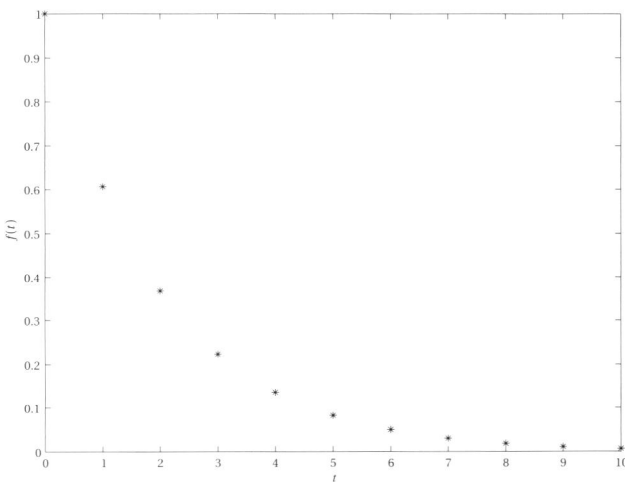

Alternativ lassen sich die Datenpunkte auch verbinden:

```
octave:5> plot(t,exp(-0.5*t),'*-')
```

Dies ergibt:

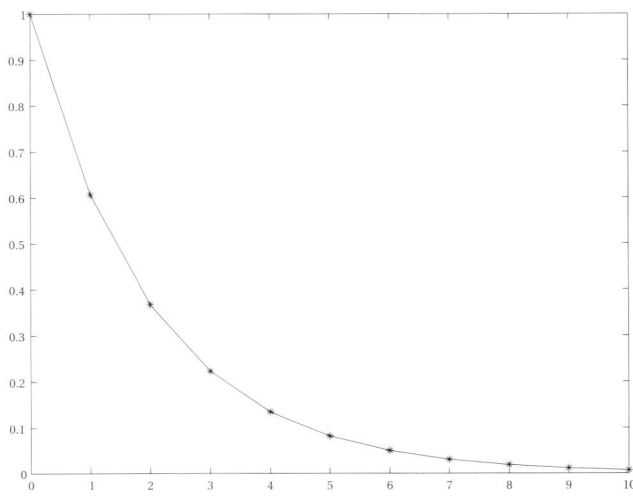

Wir können auch kleinere horizontale Abstände wählen, z. B. mit Abstand 0.1 anstatt 1:

```
octave:6> t=0:0.1:10;
octave:7> plot(t,exp(-0.5*t),'*-')
```

Hier bezeichnet die Zahl zwischen den beiden Doppelpunkten den Abstand zwischen zwei aufeinanderfolgenden t-Werten. Der Befehl

```
octave:8> grid;
```

erzeugt ein Gitter in der Abbildung. Wir erhalten:

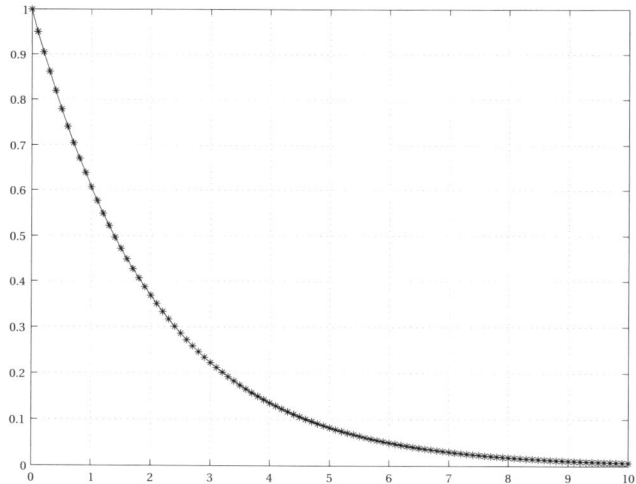

for-Schleifen

Um einen Befehl wiederholt auszuführen, können wir uns beispielsweise einer for-Schleife bedienen. Als Beispiel berechnen wir die Summe s aller Zahlen k von 1 bis 10. Dies funktioniert wie folgt:

```
octave:1> s = 0;
```

Hier wird die Summe s anfänglich auf null gesetzt. Nun addieren wir die Zahlen k= 1,2,3,...,10 nacheinander zu s dazu. Die Variable s wird dabei stetig überschrieben.

```
octave:2> for k=1:10
             s = s + k;
          end;
```

```
octave:3> s
```

```
s =   55
```

Funktionen

Neue Funktionen können in OCTAVE mit der `function`-Umgebung definiert werden. Als Beispiel schreiben wir eine Funktion, welche die Summe aller Zahlen von 1 bis N berechnet:

```
1   function s = summe(N)
2
3   s = 0;
4
5   for k = 1:N
6     s = s + k;
7   end;
8
9   return;
```

Hier ist N der Eingabe- und s der Ausgabewert. Eine Funktion wird mit `function` begonnen und kann mit `return` abgeschlossen werden. Der Funktionstext muss in einer eigenen Datei "`summe.m`" abgespeichert werden (Format: "Funktionsname`.m`"). In OCTAVE wird die Funktion `summe` folgendermassen aufgerufen:

```
octave:1> summe(10)
```

```
ans =
```

```
55
```

OCTAVE-Hilfe

Eine Erklärung für einen OCTAVE-Befehl kann mit der `help`-Funktion erhalten werden. Zum Beispiel liefern die beiden Befehle `help sqrt` Informationen zur

Quadratwurzelfunktion sqrt:

```
octave:1> help sqrt

 - Mapping Function:   sqrt (X)
     Compute the square root of X.   If X is negative, a
     complex result is returned.   To compute the matrix
     square root, see *note Linear Algebra::.

sqrt is a built-in mapper function

Additional help for built-in functions and operators is
available in the on-line version of the manual.   Use the
command 'doc <topic>' to search the manual index.

Help and information about Octave is also available on
the WWW at http://www.octave.org and via the help@octave.org
mailing list.
```

Index

Thomas Wihler

Mathematik für Naturwissenschaften: Einführung in die Lineare Algebra

Uni-Taschenbücher (UTB) – mittlere Reihe. Band 3636
2012. 216 Seiten, 27 Abbildungen und Tabellen, kartoniert
CHF 35.90 (UVP) / € 24.99
ISBN 978-3-8252-3636-6

Ziel dieses Buches ist die angewandte Einführung in die Grundthemen der Linearen Algebra für Studierende der Natur- und Ingenieurwissenschaften. Schwerpunkte bilden die Matrizenrechnung (lineare Gleichungssysteme, Eigenwertprobleme), Vektorräume und lineare Abbildungen sowie die Methode der kleinsten Quadrate (mit Anwendung auf diskrete Fouriertheorie). Außerdem bietet der Text einen Einblick in den Einsatz numerischer Software zur Behandlung von komplexeren Berechnungen. Sowohl bei der Entwicklung der mathematischen Konzepte als auch in den zahlreichen Übungen wird auf eine anwendungsbezogene Heranführung an die Themen geachtet.

⋮ Haupt **Haupt Verlag** Bern · Stuttgart · Wien
verlag@haupt.ch · www.haupt.ch